求職RPG
關主換你當

古怪上司×機車同事×小人下屬，
教你伏妖降魔，一路過關斬將！

PLAYING GAMES

多招必學職場求生術

證明自己的能力風生水起

讓上司、同事、下屬，大家都挺你！　　殷仲桓，林凌一 編著

目 錄

第一章　求職一箭中的

目錄 ────────────────

第二章　工作出類拔萃

第三章　關係左右逢源

目錄

第五章　領導得心應手

目錄 ────────────────────────

前言

　　許多年輕朋友都有過這樣的經歷：當你走出大學校門時，明明覺得自己的能力不比別人差，但幾年過後，別人升職的升職，加薪的加薪，唯獨自己還在原地踏步。問題究竟出在哪裡？怎樣才能在職場上春風得意？

　　遙想當年，編者年輕時也有過以上的困惑與苦惱。隨著閱歷的增加，現在再反觀那段走過的路時，真是百般滋味在心頭。秉著讓後來的年輕人在職場少走冤枉路的願景，編者仔細地分析了當今年輕人在職場發展的特點，提出了青年職場塑身的五個要點。

▌求職一箭中的

　　從事何種職業，對年輕人事業的發展有著至關重要的作用。生活中常常出現這種現象：有的人在職場中春風得意，如魚得水；而有的人則是茫然無措，理想失落無處尋覓。究其原因可能有很多種，但最主要的原因就是無法對自己的職業進行準確的定位，沒能恰如其分地自估，把自身的專長發揮出來，弱化缺點，去爭取最適合自己的工作。

　　年輕人在擇業的過程中，要想找到最適合自己的職業，就要根據自身的特長，去尋找工作。對於每一個人而言，相信自己的能力，總有一款工作最適宜你特長的發揮。在這個充滿機遇和挑戰的快速變化時代，職業的選擇是建立在自信的基礎之上，每一個人都應該相信天生我材必有用，以明確的目標為導向、用樂觀的態度為動力，實事求是，切忌好高騖遠，努力培養對工作的興趣。積極打造職業形象，為自己的工作贏得有彈性空間的自由度。隨時依據自身特點和外在的客觀現狀，成功地進入自己的職業角色。

前言

▋工作出類拔萃

人在職場，首先是要靠工作成績說話。年輕人要想在工作中出類拔萃，除了勤學、勤勞外，還要學會應變。

法國著名作家羅曼‧羅蘭（Romain Rolland）曾經說過：「世界上許多事業有成的人，並不一定是他比你機會好，而僅僅是因為他比你能做。」只要你能從意識上改變自我，付出切實的行動，你完全可以比別人做得更好。

▋關係左右逢源

在一個單位，我們經常看到一些毫無專長卻老練圓滑的人，他的身邊充滿了歡樂，總是有那麼多人願意追隨他，單位的升職與加薪總是少不了他。而一些才能出眾、特立獨行的人，他們工作沒少做、力沒少費、汗沒少流，但總擺脫不了處處碰壁的窘境，飽嘗英雄無用武之地的痛楚。之所以會出現這種巨大的反差，往往是緣於兩者在處理人際關係能力上的懸殊。

年輕人大多比較純真，不懂得人情世故，這一點如果不改變，想要在職場有大的發展是很困難的。

▋競爭脫穎而出

誰都想晉升，沒有人願意躲在別人的光環下，碌碌無為地虛度自己的一生；也沒有人願意一把交椅坐到老，重複著昨日的故事，每個人都渴望個人的事業不斷有新的突破，讓自己的人生價值得以充分體現和展示。然而，晉升之路如同狹隘崎嶇的蜀道，能幸運闖過重重阻力而成功登頂者屈指可數。

那麼，如何克服晉升途中的阻力，在眾多競爭者之中脫穎而出呢？這是許多渴望晉升的人一直苦苦探求的課題。尤其對當今的年輕人來說，當他們開始踏入社會準備開拓個人的事業時，就像鼓滿風的帆船駛入茫茫大海一樣，可能會因為迷失航道而遭遇擱淺或觸礁。因此學習和掌握這方面的知識和技巧，以此作為個人事業發展的羅盤，就顯得尤為重要。

▌領導得心應手

在提倡主管年輕化的今天，許多年輕人紛紛走上了管理者的職位。年輕人當管理者，其優點在於敢想敢做，雷厲風行，但其普遍的缺點在於過於剛性，不懂在管理過程中作換位思考。

因此，年輕的管理者要想讓自己的工作得心應手，還必須學習一定的管理方法。

編者

前言　─────────────

第一章　求職一箭中的

　　小時候，總會有人問你這樣的問題：「你長大以後想成為什麼？」你還記得自己的回答嗎？是來自內心的回答，還是根據孩子的直覺，說出大人所想聽的答案？你的答案有沒有隨著時間而改變？那個為旺盛荷爾蒙分泌所苦的 18 歲少年男女，是在正常心智下選擇大學主修科目嗎？你在青少年時期所懷抱的夢想是否已隨著畢業紀念冊的塵封而被收藏？年輕的你工作經歷是否已幾經波折，轉向選擇計畫事業生涯所未預料到的旁支岔道？如果你確定要實現兒時的夢想，一切是否如你期望？

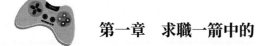

第一章　求職一箭中的

你適合做哪類工作

一份適合的工作，為剛走向社會的年輕人提供了一個發展的基點。這份工作，不但提供我們一定的經濟基礎，還會讓我們積累相關的技術與經驗。

對於想要有一番作為的年輕人而言，在選擇職業時，所想的是應該如何透過工作單位來開拓自己的前途，雖然這條路有時是崎嶇不平的。畢竟，職位、權利、地位、安全，這些大多得自於工作場所，而且在人們對於有關未來事業發展的預測中，職位也是評估成功與否最重要的指標。

選擇職業是年輕人打拚的一個重要轉捩點。選對了，可以成為成就事業的基礎；選不對，將會經歷不少彎路及坎坷。你在確定職業之前，應該先從以下幾點看清自己。

▶ 自己的長處

在你選擇職業時，有必要揚長避短。當局者迷，旁觀者清。你可以參考家庭、同學、朋友、師長、專業諮詢機構等第三者的意見，對自己的專長有真正全面的了解。

你學習了什麼？在學校期間，你從專業學習中獲得了些什麼收益？社會實踐活動提高和昇華了你的哪方面知識和能力？努力學好專業課程是職業設計的重要前提。要注意學習、善於學習，同時要善於歸納、總結，把單純的知識真正轉化為自己的智慧，為自己多準備點後備能源。

—— 你曾經做過什麼？在學校裡擔當的學生職務、社會實踐活動取得的成就及工作經驗的積累等。要提高自己經歷的豐富性和突出性，你應該有針對性地選擇盡量與職業目標相一致的工作專案，堅持不懈地努力工作，這樣才會使自己的經歷有說服力。

—— 最成功的是什麼？你做過的事情中最成功的是什麼？如何成功的？透過分析，可以發現自己的長處，譬如堅強、智慧超群，以此作為個人深層次挖掘的動力之源和魅力閃光點，形成職業設計的有力支撐。

▶ 個人的興趣愛好

興趣，是一個人致力了解、掌握某種事物、並經常參與該種活動的心理傾向，有些時候，興趣還是學習或工作的動力。當人們對某種職業感興趣，就會對該種職業活動表現出肯定的態度，就能在職業活動中調動整個心理活動的積極性，表現出開拓進取，努力工作，有助於事業的成功。反之，如果對某種職業不感興趣，硬要強迫做自己不願做的工作，這無疑是一種對精力、才能的浪費，無益於工作的進步。

愛因斯坦（Albert Einstein）因為熱愛科學而成為一代科學巨人，門捷列夫（Mendeleev）因迷戀神奇的化學世界而發現化學元素週期定律，所以說興趣才是最好的老師。興趣對人的發展有一種神奇的力量。

當年輕人在選擇職業時，應想到自己喜歡哪種職業，對哪種職業感興趣。興趣是人所共有的，卻又是千差萬別的。有的人對文學創作感興趣；有的人喜歡唱歌、跳舞；有的人對研究自然科學知識感興趣；有的人則偏愛技能操作。不同的職業需要不同的興趣特長。一個擅長技能操作的人，靠他靈巧的雙手，在技能操作領域得心應手，但如果硬把他的興趣轉移到書本的理論知識上來，他就會感到無用武之地。這種興趣上的差異，便是構成年輕人選擇職業的重要依據之一。

年輕人的興趣愛好可以是很多樣的。一般說來，興趣愛好廣泛的人，選擇職業的自由度就大一些，他們更能適應各種不同職位的工作。廣泛的興趣可以促使人們注意和接觸多方面的事物，為自己選擇職業創造更多有利條件。

第一章　求職一箭中的

興趣在年輕人選擇職業時，僅是一種重要的參考條件。因為有興趣，你就可以主動去做好這項工作；沒興趣，你可能會厭惡這種工作，自己也就不會做好這項工作。需要注意地是，有時，興趣也可以在工作中慢慢培養。

▶ 氣質類型

心理學家認為，氣質是人類的神經活動以行為方式表現出來的一種形態。它主要表現在情緒的體驗。它使人的全部活動都染上某種獨特的動力色彩。具有某種氣質特徵的人，常常在不同內容的活動中，會表現出同樣方式的心理活動特點。所以說，氣質也是制約人們選擇職業的重要因素之一。

大多數心理學家把人的氣質分為四種類型：多血質、膽汁質、黏液質和抑鬱質。這四種氣質類型在行為方式上各有其典型的表現。

- **多血質**：活潑、好動、敏感、反應迅速、喜歡與人交往，注意力容易轉移，興趣和情趣容易變換，具有外向性。
- **膽汁質**：精力旺盛，脾氣急躁，情緒興奮性高，容易衝動，反應迅速，心境變換劇烈，具有外向性。
- **黏液質**：安靜穩重，反應緩慢，沉默寡言，顯得沉重、堅忍，情緒不易外露，注意力比較穩定，但卻難以轉移，具有內向性。
- **抑鬱質**：情緒體驗深刻、孤僻、行動遲緩，而且不強烈，具有很高的感受力，善於觀察他人不易察覺的細節，具有內向性。

氣質無所謂好壞、善惡之分，每一種氣質都有積極的一面，也有消極的一面。

從選擇職業的角度來說，多血質和膽汁質的人比較適合一些要求做出迅速、靈活反應的工作，黏液質和抑鬱質的人對此則適應性較差。相反，要求細緻的工作，對於黏液質、抑鬱質的人較為合適，多血質和膽汁質的人則難以在這方面取得高的效率，這就好似讓林黛玉去市場賣豬肉或讓張飛去繡花一樣，都是強人所難。

不同的職業對人的特質也有特定的要求，如駕駛員、飛行員、運動員等要具備機智、靈敏、勇敢，專注等人格特質；醫務工作者需具備反應靈敏，耐心、細緻、熱情等特質；外交人員則要具備思維敏捷、姿態瀟灑，能言善辯，感染性強等特點。

總之，年輕人了解自己的氣質類型及特點，有利於發揮自己的長處，提高適應職業的能力。

個人的性格

性格是指一個人在生活過程中所形成的、對人對事的態度和透過行為方式表現出的心理特長，是一種生活態度也是行為習慣。譬如有的人對工作總是赤膽忠心、一絲不苟，踏實認真；有的人在待人處事時總是表現出高度的原則性，堅毅果斷，有禮貌，樂於助人；有的人在對待自己的態度上總是表現出謙虛、自信的特質。

人的性格的差異是很大的。有的人傲氣、潑辣；有的人熱情、活潑；有的人深沉、內向；有的人大膽自信有餘而耐心細緻不足；有的人耐心細緻有餘而大膽自信不足等等，不一而足。性格是由各種特徵所組成的，性格與氣質不同，其社會評價有明顯的好壞之分。性格對氣質有深刻的影響。在一定程度上性格能夠掩蓋和改造氣質。性格還對能力的形態和發展有著制約作用。社會上幾乎每一種工作都對性格特質有著特定的要求，要選擇某一職業就必須具備這一職業所要求的性格特徵。例如：作為一名藝

文工作者，除了要具備這一職業所要求的氣質、能力外，其性格應具有活潑、開朗、情感豐富的特徵；作為一名教師除了具有豐富的知識外，還應具備熱愛學生，對工作熱情負責，正直、謙遜、以身作則等良好特質；作為醫生則被要求有人道主義精神，富有同情心和責任感，一絲不苟地工作態度。事實證明，沒有良好的與職業要求恰當的性格特質，很難順利地適應工作。

▌正確看待自己的專業

現代社會是一個分工越來越細的社會，在各種各樣的工作領域需要不同的專業知識。你一旦掌握了一定的專業知識，便可以在特定的工作職位上發揮你的特長和優勢。可是，現實狀況常常不像人們想像的那樣，你所學的專業不一定能用得上，你獲得的工作不一定就是你所學的專業工作，你需要服從社會對你的選擇。在有些情況下你沒有選擇的餘地，你只能去適應你的工作。

在這種情況下，你的工作就是痛苦的。為了避免這種情況的發生，人們往往會選擇社會上的熱門專業，使自己學成之後能夠在社會上找到對應的專業工作。例如，社會興起了經濟熱潮，許多人都去讀財會科系；電子技術迅猛發展，大家又都去讀電子科系。這說明一個人的專業知識能否派上用場，要看社會的需求。

許多人都在為自己的前途焦慮。有遠見的選擇自己的科系，關係到未來的前途問題，但也未必是決定因素。

實際上，冷門科系和熱門科系都不是絕對的。冷門科系和熱門科系的形成在一定程度上是人才供求關係決定的，當供過於求時，這類人才價格下跌，形成我們所說的冷門科系；當供少於求時，此類人才價格上漲，形成熱門科系。

　　專業與職業不同。人們常常提到專業要對口，其實現在回過頭來看，10 年、20 年前畢業的大學生們，他們所從事的工作與以前所學的專業一致的大概只有 20%。所以，非熱門科系的學生不要氣餒，因為科系與職業有很大的差別。不要認為自己學的不是熱門科系就沒有了去熱門行業中發展的機會，熱門行業同樣有不同類型的工作，同樣需要不同科系的人才。

　　知識與能力是有差別的。在學校裡所學的知識，與自己的能力是兩碼事，與能不能在將來工作中運用這些知識也是不同的概念。

　　大學教育中培養出來的還不是成型的人才，而是培養學生的學習能力，若一個學生真正具備了學習能力的話，他的就業前景就會是比較好的。

　　現在，許多學校都開設了第二學位和輔修專業，這樣也能把冷門科系的學生變成熱門科系的學生。縱使沒有第二學位，經過學校裡的學習，培養自己的能力，也能從事熱門科系的工作。而這種能力不僅是專業科系，也包含智商、情商、溝通能力、領導能力、與人交往的能力等。

　　人們常說的冷門熱門是從收入方面考慮的，而一個人現在的收入和將來的發展是不同的。從個人發展上來看，有些人由於自己的成長經歷，所受的教育、性格特點、興趣愛好、自己的理想等因素，決定了不適合在熱門行業發展。　若一個人真正熱愛一份工作，即使它看上去像是冷門的職業，也可能會有很好的發展。

　　學冷門專業是有希望的。就像在 10 年前，想學國際貿易和會計的人真是擠破了頭，那時這兩個科系是最大的熱門，可現在卻變為了冷門。

　　其實有的專業就像「潛力股」，今天看起來被人冷落，說不定哪天會被人們發現它的價值。而有些科系目前看起來屬於「熱門股」，也許一轉眼就往下跌了，到那時你想出手還來不及呢。所以，即使學冷門科系，也不需灰心，也許你現在選的是「潛力股」，等著上漲吧！

第一章　求職一箭中的

　　用人單位在招賢納士時，主要看的是你的性格，在大學期間做了哪些社會性工作，再看看什麼工作適合你，並不是你學什麼專業就會讓你做這個專業的工作。其實很多人做的並不是本專業的工作。就業門路是很寬的，即使學習的是冷門專業也不用怕。

　　不管你學的是冷門專業，還是熱門專業，都要有一個正確的態度，具備一定的能力、良好的心理素養，這樣冷門和熱門在一定條件下就可以相互轉化。正所謂：英雄不論出身。

▌了解產業發展的趨勢

　　你想在某個產業大展身手之前，有必要先了解這個產業發展的趨勢。讀者總不希望費盡九牛二虎之力所找來的工作，竟是那些不到兩年就會倒閉的公司吧？因此在為自己選擇未來「歸宿」的時候，務必睜大眼睛，挑一個按目前趨勢看來，有潛力、有發展的產業。

　　想掌握產業發展趨勢，平常就應該多加注意國內外的產業狀況。一般而言，美國、日本的產業發展比較先進，看看先進國家及地區的發展歷程，再推敲自己國家發展的趨勢，你大致可推測出未來發展的動向。

　　除此之外，平常也應多多閱讀經濟日報、工商時報等報導產業方面的新聞，以及財經管理雜誌等有關的專論文章，同時多參加有關產業動態的演講會，藉此了解目前的發展及未來的變動。

　　美國商業週刊在每年的一月，都會有一篇名為 WHATA 一 HEAD 的文章，該專題將過去 5 年美國各行各業的表現一一以圖表列示，同時預估該年的產業大勢，雖說國情不同，但根據國外的產業趨勢，讀者也可因此了解未來數年將由誰來引領風騷。

▊千萬別入錯了行

有一句話說「男怕入錯行，女怕嫁錯郎」，真有這麼嚴重嗎？

「女怕嫁錯郎」暫且不論，我們就「入錯行」說一則真實的故事。

一位大學畢業生，他的工作很令人感到意外，是果菜公司的搬運工人。他說他六年前從學校畢業，一時找不到工作，便透過介紹到蔬菜公司打工，賺些零用錢。漸漸的，這位「天之驕子」習慣了那份工作和環境，也就沒有積極去找別的工作，於是一做就是 6 年，現在年近 30，不僅與社會脫節，連老本也花得差不多了。他說：「換工作，誰會要我呢？我又有什麼專長可以讓人用我呢？」目前，他仍在蔬菜公司當搬運工人。

對這個例子，也許你會說，轉行有什麼難？說轉就轉啊！

也許你是可以說轉就轉的人，但恐怕絕大部分的人都做不到，因為一個工作做久了，習慣了，加上年紀大了，有了家庭負擔，便會失去轉行面對新行業的勇氣；因為轉行要從頭開始，怕影響到自己的生活，另外，也有人心志已經磨損，只好做一天算一天；有時還會扯上人情的牽絆、恩怨的糾葛，種種複雜的原因，讓你「人在江湖，身不由己」。

其實行行出狀元，並沒有哪個行業不好，哪個行業才好，那在此為什麼又提醒你「千萬別入錯行」呢？

這裡只是提醒你，找工作要睜亮眼，找適合你的工作，找喜歡的工作，找有發展性的工作，千萬別因一時無業，怕人恥笑而勉強去做自己根本不喜歡的工作！人總是有惰性的，不喜歡的工作做個一兩個月，一旦習慣了，就會被惰性套牢，不想再換工作了。日復一日，倏忽三年五年過去了，那時要再轉行，就更不容易了。

另外一點是，千萬別涉入非法行業，這種行業雖然有可能讓你一夜致富，但事實上卻是在刀口上行走，警方的追緝、法律的制裁、同行的火

拚、陷害，即使不吃牢飯不送命，也會被人看不起。雖然想跳脫出來，但談何容易，就像吸毒一樣成癮，最終進了監獄……

不過如果你不慎「入錯行」，也有心轉行，那麼就要鐵了心，毅然地轉行，否則歲月是不饒人的，你只能在不適合的行業裡越走越遠。

▌怎樣判斷一家公司的優劣

對於年輕人來說，選擇一家好公司可以使你得到許多好處，例如：

- 制度良好、體系完備可以學成一套本領。
- 管理上軌道經營又得法，不用擔心萬一公司倒閉的工作保障問題。
- 管理制度普受肯定，工作資歷可獲外界承認。
- 對外聲譽卓著、對內用人嚴謹，能使員工產生的優越感，並以組織為榮。

公司就如同家庭，貌似美滿的家庭，也可能潛伏著許多不為外人所知的隱憂。公司也不例外，上上下下都在努力扮著一張張笑臉，接待往來的客戶和相關廠商。但是，無論是哪家公司，只要入內仔細觀察，就能感受到一些與外觀看來頗有差距之處。由此可知，你不能光由公司外在的表像，就輕率地作出判斷。

那麼，應從哪些觀點來判斷公司的優劣呢？以下要點是在選擇公司時應該深入思考的問題：

1. 有無經營理想及目標？
2. 有無良好聲譽或光榮傳統？
3. 有無健全管理制度？
4. 有無誠意照顧員工？

5. 財務是否穩固？

6. 是否正派經營？

7. 產品形象及客戶關係如何？

8. 公司未來發展前景如何？

以上 8 個問題，如果答案都是肯定的，毫無疑問，這家公司是優秀的，但你在心動的同時，也應意識到求職成功的難度會相應增大。而如果以上 8 個問題都是或大部是否定的結論，那麼實在沒必要去這家公司浪費青春。

當然，非常優秀的公司畢竟是鳳毛麟角，大門也不一定會朝年輕人敞開。因此，年輕人在衡量求職的單位時，也不必過於求全，上述 8 個問題能有 5 個或 5 個以上的正面答案，就可以考慮了。事實上，如果進一家不太完善的公司並與之一起成長，對於年輕人的前途來說也是一件好事。

▎怎樣了解工作性格和挑戰

一般而言，求職者第一次接觸到的求才消息，通常都是透過廣告或人力仲介公司的介紹而獲得。由於廣告的費用較貴，能從中得到的資訊大都只是工作職稱、需求條件，以及諸如待遇從優、有晉升機會等非常空泛的描述；如果是人力仲介公司把你當作「獵物」目標時，為了讓你有願意出手一試的興趣，當然都是好話說盡，只挑「工作的優點」向你遊說。

找工作如找老婆，能只憑媒人的三寸不爛之舌，就私訂終身嗎？當然不行，非但不行而且還要仔細地問清楚才行，想了解未來工作的性質，要從下面幾個方面著手：

- 面試時直接向主試者詢問工作的詳細情形，如工作時間、職責安排、晉升機會、挑戰性等。如遇主試者支支吾吾似有難言之隱時，應多加留心。

第一章　求職一箭中的

- 可能的話打聽出前一任工作者離職的「真正」原因。如同一工作在一年之內已有三位離職者，除非你確定自己是「敢死隊」，否則千萬不要輕易嘗試。這項打聽的工作甚至可以在確知對方公司願意提供你工作機會之後，直接詢問前一任的工作者，然後再做最後決定。但須注意一點，前任者不適合並不表示你也不適合，到底應如何評估，有賴個人的智慧與判斷。

- 如該公司對該職位有現成而詳盡的工作說明，不妨索取一份複本回家好好鑽研。

- 如果你正好有某位親朋好友或過去的同學在該公司任職，那就猶如抽到一根上上籤，此時應把握機會私下請教。但切記先別把你們的關係曝光，否則他在提供消息時就會有所保留，因為到時候你若不願到職，他的公司很可能會把所有的罪過都怪到他一人頭上。

打聽消息須運用智慧，其實在做分析判斷時更應如此，大家都是有工作經驗的人，在聆聽別人的說明或評論時，應注意其中是否隱含弦外之音，例如：

- 工作性質非常穩定 —— 是否單調或枯燥？
- 工作內容相當充實 —— 可能每天忙得團團轉？
- 工作很有變化 —— 意味著沒有制度及章法？
- 主管很有魄力 —— 專斷獨裁的同義詞？

諸如此類不勝枚舉，只要求職者用心揣摩，不難得知。總之，事前知道的資訊愈多，事後反悔的機會愈少。

▌選單位還是選工作

年輕人求職最理想的狀況是，棲身於制度完善的公司，並能在公司內擔任前途看好的職務。但是人生不如意的事十常八九，有時我們就可能面臨魚與熊掌不知如何取捨的問題。為防患於未然，你事先應根據自己對未來發展的方向，擬定出個人抉擇的優先順序方案來。

如果你冀望能在穩定的大環境視野中逐步發展，隨著個人在組織裡的資歷而漸次晉升，並不堅持從事哪一職種的工作，此時不妨以公司為優先考慮的對象。一般而言，這類的公司，以在合資企業較多，而且規模也較大。此外，大型企業能符合這種要求的也不少。

如果追求的是專業才能，以長期做一位專業經理人而自我期許，不希望被輪調到所學無關，或是關係不甚密切的工作領域；即使在轉換公司時也不太願意犧牲自己的本行。這時就應以工作導向為重，轉職時，不但要先驗明工作的性質，而且須確認這份工作將來的發展前途。

上述兩種方式各有其優點，如何取捨就看當事人對自己未來前景的規劃而定。但須切記一點，一旦方向確定之後，就必須長期執行下去。

▌企業喜歡什麼樣的人選

雖說企業用人也是「青菜蘿蔔，各有所愛」，有喜歡保守的，也有偏好前衛的，但在一些基本的要求上，企業都有著一致的要求。

- **品德**：求職者的德性如何？「品德」兩字或許太流於空泛，但主試者卻可從下述條件，略窺被試人品之一、二：

  - 懂不懂基本的做人禮貌？從面試時求職者的應對舉止即可看出。

- 有無感恩圖報之心？如果在面試時大罵以前的公司或主管的不是，在此項條件上勢必被劃上大叉叉。
- 德性如何？以前是否曾利用職務之便中飽私囊。
- 是否有知錯能改力求上進之心，而非死鴨子嘴硬，把事情搞砸卻歸因於別人的配合有問題。

事實上，上述 4 項條件就是古訓中的四維 —— 禮、義、廉、恥，求職者如有任何一項缺陷，主試者都會持保留。

- **技能與知識**：本職上的專業是否精通？若想憑著一招半式闖江湖，在日漸追求專業與分工的現代社會將愈來愈不可行。
- **身體健康、精神飽滿**：不只是身體上沒有任何小問題，體力上和精神上更能承受重大的工作壓力，正所謂留得青山在，不怕沒柴燒。在主試者面前永遠保持著神采奕奕的形象，你被錄取的機會當然比別人高。
- **敬業樂群**：在現今這個到處都需要打團體戰的環境下，企業所希望的候選人是能與團隊績效一致；是勝利團隊中的一分子，而非失敗團隊中的英雄。比賽時拚命投籃只求個人表現的超級明星與球技不好的球員，對教練和整個球隊而言，同樣不受歡迎。
- **高雅的氣質**：氣質涵養來自於長期的修養，絕非如吃補藥一般可以一蹴即成。除了多閱讀修身養性的書籍外，平時多接觸或研習一些詩歌、美術、書法等有關藝術方面的書籍，無形中可以變化氣質，而使談吐變得優雅高尚，如此一來，雀屏中選的機會將較大。

細心的讀者可能已經發現，上述五大要項正是過去在學校時老師們所告訴我們的教育目標：德、智、體、美、勞的培育，非常巧合地，這也是企業主管在面試新人時的最愛。

這些道理都很簡單，但筆者很遺憾地發現許多年輕朋友，工作幾年之後就把當年進德修業的情懷全部拋諸腦後。每天下班後不是邀約三五好友打牌，就是守在電視機前看肥皂劇。長此以往，大大折傷自己有限的青春及市場價值。

▌如何獲取招聘資訊

招聘資訊是連接求職者與用人單位的一根紐帶。一般來說，求職者可以透過以下管道獲取招聘資訊。

▶ 網路

隨著現代科技的發展，電腦運用的普及，使人才需求資訊透過網際網路，出現在眾多求職者面前，這無疑加速了人才市場的發展。

目前這種網路求職方式，因用人單位較注重有學歷和具有專業技術的人士，所以，非常適合白領階層求職運用。對於剛完成學業準備求職的年輕人，也可透過網路提供的網址上網求職。

▶ 報紙雜誌

一般求才的公司，特別是那些正在徵求有經驗人才的公司，都會在報紙招聘專版上提供給讀者詳細的求才資訊。所以只要翻閱一下，就可知道哪些公司正在徵求什麼工作種類、什麼程度的工作人員。特別是在每個星期天，徵才啟事集中的情況更是如此。依各公司的做法不同，有的求才廣告只在一家報紙刊出，也有的是在許多報上同時刊登。如果是預算比較充實的公司，就可能在所有大報上以極大篇幅刊登廣告。所以從廣告篇幅的大小，便可約略看出這家公司的財力。對於那種連廣告都登不起的公司，冀望它能在薪水上有大方的表現，無疑是緣木求魚。

第一章　求職一箭中的

　　同時，要提醒各位求職者留意的是，為了顯現企業魅力，吸引更多的應徵者上門。這些求才廣告多半經過專業廣告策劃者和專家的指點，將廣告內容包裝得既引人注目又魅力十足。讀者在閱讀時，必須避免被其糖衣似的外表所迷惑。閱讀廣告時，可注意以下四點：工作種類；年齡的限制；工作場所；行業的成長性。

　　另外，徵求有經驗人員加入的企業不是業務急劇成長、需才緊急，就是內部產生問題，人員流動頻繁，所以必須經常補充新人，填補空缺。選擇時最好睜亮眼睛分辨清楚，以免失誤。

　　經過篩選後，再仔細斟酌考慮，就可以清楚了解適合自己的工作是多是少。不過單憑報上的情報，便奢望迅速找到理想中的工作並非易事，因為搜集完整的求才資訊是相當費時的，而且需要花上長時間的考證才行。

▶ 人際網路

　　從取得求職資訊的觀點來看，委託親近的朋友、可以信賴的知己和親戚，代為留意適宜的工作，確實有方便的優點，而且成功率也很高。

　　這種透過熟人介紹的求職方法，可以避免對未曾謀面又不明就理的公司心生質疑，同時也比較具有安全感。由於這種方式錄取的機率很高，因此有意者，甚至是初入社會的新人都可以向值得信賴的親友提出請求。

　　不過，利用親友找工作，有時會陷入進退兩難的情形。正因為是親友介紹，反而不易推辭拒絕，所以在委託的同時，務必事先說明所希望的工作種類、待遇條件，以免雙方在原則上有所出入，否則一旦被引見之後，基於義理為先的緣故，很有可能使自己陷於被動和不中意該公司工作的窘境。假使親友是先向自己介紹公司，自己覺得不滿意，因而回絕與對方會面無可厚非。尤其是年輕人不妨多利用這種運用人際關係引見的方式，因為有許多企業在徵求不到年輕的新人時，往往會透過門路請人介紹，如利

用公司內部的員工推薦等，所以這種方式相當值得一試。

為了給自己保留充分的選擇權，避免發生類似基於人情考慮而求職的情形，委託時應謹守親友只是介紹機會而並非介紹工作。自己完全是靠實力謀求工作而非依賴才得以就職，只要涉及到人情世故和社會上的禮尚往來，最好是不要留下人情尾巴，以免工作後承擔過多的人情包袱。事前再三明確告知對方自己真正的意願，是務必遵守的委託原則。

▶ 人才仲介公司

目前在經營職業仲介的公司，除了政府民政及勞動部門主辦的就業公司外，大約每個城市都有 30~40 家左右。這些公司大都會依據委託公司的需求條件，公開徵才。

▌過期的招聘資訊是個寶

曾有一位炒房的朋友告訴我他購買低價房的祕訣：他專門在一些過期的售樓廣告中查找資訊。他說許多房地產都存在著「尾盤」，但鑑於數量少而沒有刊出售房資訊。這些房地產因未刊登售樓廣告，致使建物乏人問津。這位朋友專門「淘」尾樓，時常可以「淘」到一些位置好、價格低的房地產，有時價格上還有很大的討價餘地。

買房如此，求職亦然。許多求職者都十分注重招聘資訊的時效性，認為求職資訊一旦過時就沒用了，因此往往連看都懶得多看一眼，其實這是個十分錯誤的觀點。過時的招聘資訊只要善於利用，比新資訊的作用還大，因此，積極投遞資料或許有更大的收穫。

小林在一年前還是個應屆畢業生，學歷不高，經驗不足，但他同樣很順利地求得一份薪水不菲的工作。他求職之所以成功，固然與許多因素有關，但主要是他運用了喜舊厭新這種獨特的求職方法。

第一章　求職一箭中的

　　小林是個很有心機之人，畢業後他並沒有像許多求職者那樣，天天看人力銀行，看到稍微適合自己的就投遞履歷，然後就被動地靜候佳音。畢業後他查閱了一年前刊登的求職資訊，看到有適合自己的招聘廣告就將其電話號碼、地址等資料抄下來，然後再逐一聯繫，寄去求職資料。結果，他只花了一個多星期的時間就被一家報社聘為編輯。

　　這個方法為什麼會那麼厲害？

　　第一，企業既然在去年刊登招聘廣告，那麼現在也會需要同樣的人才，這種可能性是很大的。尤其是在一些人才流動性較強的行業裡，如廣告業、網路業等，他們往往會因為某些原因而沒再登招聘廣告。

　　第二，幾乎無競爭對手。一則招聘廣告剛發布時，往往應徵者如，競爭異常劇烈，除非實力超群，否則求職的成功率一般很低。但舊招聘廣告的職位就不同了，由於幾乎乏人問津，應徵者就你一人，成功率當然就大大地提高了。

▌寫一份搶眼的履歷

　　履歷左右著招聘方對你的第一印象的好壞，同時也直接決定你是否有面試的機會。在招聘者的挑選過程中，履歷表是你唯一能夠全權控制的部分，至於寫出來的履歷表如何，則與你所花費的準備功夫成正比。下面是某職場專家對寫作履歷的建議。

- **資料內容要簡單扼要**：字數控制在 1 ～ 2 頁，主要內容應在第一頁展現出來。
- **避免咬文嚼字以及令人難以理解的措辭**：你寫履歷的目的無非是要清楚明白地將自己所想要表達的意思傳遞給對方，任何使閱讀者感到費解的語句和字眼都是不可取的。

- **用第三人稱的立場寫作（彷彿描述另一個人）**：如此你便可以強調自己的成就，又不會顯得自吹自擂。這是最標準的自薦方式，也能增加內容的說服力。

- **不要只列出過去的職責**：要強調你是如何做成成果的，例如拉到新的生意、控制預算、節省開支、引進新理念等。用精確的事實和資料把成就列清楚。比如說，「行銷量提高了 25%」遠比「大大提高了行銷量」好得多。

- **列印和手寫都可以**：一個有趣的現象是 —— 10 年前列印的履歷能給招聘方耳目一新的感覺，而今天令招聘方耳目一新的卻是手寫履歷。不過，前提是你的手寫字要有好的底子。如果你自認寫字比較出眾，不妨採取手寫履歷的方式。

  對於無法用手寫來突出表現自己的求職者，在列印履歷時也可以費一些心思，以達到突出表現自己的目的。比如採用優質的紙張，進行美觀的版面設計，將需要強調的文字採用粗體字，等等。不過，列印履歷也不要設計得太花哨，以免令閱讀者的注意力分散到形式上而不是集中於內容中。

- **附件不宜多**：除了招聘方在招聘資訊上寫明的資料外，求職專家的建議是不要提供其他附件。如果你有一大堆證明能力的證書或資料，只需在履歷中提及的同時註明面試時提供原件即可。一大疊的求職資料，往往會令閱讀者產生反感。

- **不要在履歷中說謊**：不管你過去是否曾被解聘，或者曾頻繁地換工作，或者只有一些基層的工作經驗，千萬不要試圖在你的履歷中修改日期或標題來掩飾真相。一旦你未來的老闆試圖核實你的背景資料而且發現你在說謊，只怕你只能與這份工作說「掰掰」了。

第一章　求職一箭中的

- **不要以弱敵強**：如果你缺乏與正在申請的職位相關的工作經驗，那麼就不要使用時間型履歷，不妨試試功能型或技能型履歷格式，這樣你可以把與此職位最相關的經驗和技能放在最醒目的位置。

- **不要拾人牙慧**：說明自己的工作能力時，僅僅把招聘公司的工作職位說明拷貝到履歷中，再加上自己的說明是遠遠不夠的。你可以列出特殊的工作技能、獲獎情況等資料，證明你比競爭者更適合這個職位。

- **不要使用任何藉口**：以往的離職原因無須在履歷中說明。所謂「公司主管換人」、「老闆沒有人情味」或者「薪水太少」這類話是絕對不應該出現在個人履歷中的。

- **不要鉅細靡遺地羅列所有工作經驗**：雖說你可以呈遞篇幅超過兩頁紙以上的履歷，但是要注意不要羅列所有的大小工作經驗。人力資源部經理最關心的是你近 10 年來的工作情況，所以應將履歷重點放在你最近和最相關的工作經驗的說明上。

- **不要不分對象盲目出手**：千萬不要準備一份履歷然後就照著人力銀行的地址給每間公司都寄一份。在申請一個職位之前，先判斷自己是否合乎他們的要求。仔細閱讀職位需求條件，如果覺得自己不適合這份工作，就不要無謂地浪費你的時間和金錢了。

- **不要涉及太多個人資訊**：你無須在履歷中說明太多個人資訊，比如婚姻狀況、家庭情況等。

  面對這些標準，不知你是否已經準備好了？而我們現在必須要做的就是再將履歷仔細地看一下，小心千萬不要有紕漏和不當。

- **留下可靠的聯繫方式**：你精心寫作履歷，無非是想要得到招聘方面試的通知。留下手機號碼的同時，如果你有固定電話最好也留上。你要考慮到手機有可能訊號不好，或者有時你的手機會沒電。招聘方一般

是沒有耐心頻繁地與你聯繫。因此，你最好留兩個聯繫電話（也不要超過兩個）。此外，你的 E-mail 地址也要寫上。

如何在就業博覽會上一展風采

就業博覽會是一種用人單位和求職者雙方在同一時空直接進行交流洽談的集市招聘形式。近年來，這種就業博覽會十分盛行，各地都有定期召開的此類招聘洽談活動。

之所以會出現如此熱絡的招聘場面，是由就業博覽會的特點決定的。就業博覽會上供需雙方直接見面洽談，雙向交流，即時回饋，省略了許多不必要的繁瑣細節，增加了媒合的成功率，節省了寶貴的時間。

另外，就業博覽會上職業資訊集中，求職者在就業博覽會上可以同時和多家公司企業面對面洽談，選擇的餘地也較大。因此，作為求職者，一旦獲悉這方面的資訊，不妨親臨現場看看，說不定會得到意外的收穫。

這是一個剛畢業的女大學生在就業博覽會上的真實記錄。

還很清楚地記得剛進大學時那模樣，轉眼之間就大四了。於是，上半學期剛開始就坐立不安。因為是女生，學的是國貿，但英文程度還不夠好……雖然我有許多的獎狀與語言證書，心裡依舊滿是焦灼。

12 月分，舉辦校園徵才博覽會的消息傳來，我立刻拿著履歷表，一間間公司地打聽，一個攤位一個攤位地跑，然而到最後卻沒有斬獲。老同學見到我的第一句話：「哎呀！看你面無表情，兩眼發直，想必受了不少打擊啊！」我笑而未答，心裡卻很明白，這一趟經歷對我的影響非常大：站在人家面前要開口說話，才知道自己的自信是那麼不足；面試過了才知道自己知之甚少；碰過幾回釘子才知道下一次該怎樣努力。「不要怕，調整好自己的狀態，把握住每一次機會。」我對自己說。

第一章　求職一箭中的

　　年前又舉行了徵才活動，第一天上午我就準時趕到了。好不容易擠到一個名叫「致遠國際貨運有限公司」的攤位前時，傳到耳朵裡的是：「哎呀！怎麼又是個女生啊！對不起，我們的名額已經滿了。」我轉身要離開，心想：要不是看了你們的招聘廣告有點創意，我還不想過來呢！因為我一直想進的是大企業。可是，在回頭的那一瞬間，我看到身後還有那麼多人在擠著前來應徵，於是我打消了退出的念頭，決定再試一試。我默默地在攤位前等了一段時間，待求職者稍微少了一點，便看準時機地把手中的資料遞到一位年長的先生手上。可是，他連看都沒看就遞給了身邊的人，身邊的人又傳給了另一個人，然後我的資料就淹沒在一堆黃黃綠綠的自薦書中。

　　一股巨大的力量推動著我，就在那堆黃黃綠綠的資料中把我的自薦書抽了出來，毫不客氣地遞回第一個人手裡：「先生，可不可以給我一個面試的機會？」「如果你覺得你有這個能力，就自己過去試試。」說完他就把資料遞給了「面試官」，同時又接過下一個男生的資料。這下我沒有了退路，只能勇往直前。「面試官」很酷，但最酷的還是他那一口流利的英語。我深深地吸了口氣，聚精會神，頂著「壯士一去不復返」的氣勢。我使用了自己所學的全部英文單字和語法來回應他的提問，不知過了多長時間，這個很酷的人突然說：「下午來公司面試吧！」

　　下午去公司參加第二次面試時，我赫然發現早上接資料的第一個人竟是公司總經理！我伸伸舌頭，心想完了，上午態度惡劣，報應來了。沒想到的是，在連珠炮似的回答完總經理的問題後，他卻一改早上的嚴肅，對我說：「現在我可以和你簽合約嗎？」

　　我愣了一下，不知好運何時已從天而降。「我上午就注意到你了，你是在我們攤位前堅持得最久的一個女孩，做代理，除了客觀條件，毅力同

樣很重要，恭喜你！」走出公司的大門，陣陣涼風拂來，但我心中暖意融融。是的，就在放棄與堅持之間的那一步，決定了我的輸贏。

在參加現場就業博覽會時，如何在人山人海中引起用人單位的注意，關鍵在於求職者是否有毛遂自薦的勇氣和膽識，不要放棄任何一個機會，做好準備，給面試官一個挑選人才的機會。

如何面對面推銷自己

面對面推薦自己，更容易展示個人的魅力。這也是求職的一種方式。

某大學新聞系女生小倩聽說一家報社要招聘編輯記者，馬上去了學校附近的一家網咖。她輕點滑鼠進入了這家報社的網站，在仔細研究了一天後，小倩拿著自己的履歷和作品直接闖進了報社總編輯辦公室。

「你為什麼要來我們報社？」總編看了她的履歷後問道。

「因為我非常喜歡這份報紙，我感覺到它能給我提供施展才華的舞臺。據我所知，貴報向來重視年輕編輯記者的培養，能跟這份報紙一起成長是我的願望。」

總編輯頷首微笑，又問：「你覺得我們報紙有哪些特點，還有哪些不足的地方需要改進？」

這難不倒小倩，那些特點她已嫻熟於心。她微笑著侃侃而談，從報紙的特點談到自己具備的一個個優勢，並不時以作品作為證明，言下之意當然是：我就是你們要找的最合適的人選。

最終這種面對面的自薦使小倩越過了一般求職者所需的漫長過程，將自己直接推薦到對錄取工作有決定權的人面前。它不但縮短了求職的過程，而且這種面對面的自薦更能引起對方的關注。如果交談達到預期效果，也許會讓對方對你產生濃厚的興趣，並留下深刻的印象。

第一章　求職一箭中的

　　據了解，美國人對市場行銷人員曾制定了一個被稱作「AIMA」的推銷法則。AIMA 分別代表 Attention（引起注意）、Interest（產生興趣）、MemoIy（留下記憶）、Action（促成行動）。就是將產品送到使用者面前，透過宣傳和示範，引起使用者的注意，並使其產生興趣、留下記憶，然後不斷反覆加深這種記憶，促使對方最終下決心買下這個產品。

　　這種引起注意－產生興趣－留下記憶－促成行動的方式同樣適合於人才市場。

　　小倩沒有像一般求職者那樣將履歷寄到報社，而是拿著履歷直奔總編輯的辦公室。這種與眾不同的求職方式首先就引起了總編輯的注意，因為對於編輯記者來說，大膽潑辣、善於與各種各樣的人打交道是基本必備的職業特質。這種特色進一步引起了總編輯對這位求職者的興趣，於是才有了那一段對話。

　　毋庸置疑，小倩一定給總編輯留下了深刻的印象。為了加深這種印象，過了幾天，小倩又給總編輯打了電話，理由是感謝那天總編輯破例接待了她。小倩的努力得到了預期的回報，在確定面試名單時，總編輯親自在她的名字上打了一個勾。

　　在求職過程中，可能遇到一些企業並不需要招聘新人，而你又確實想要這份工作。在這樣的情況下，如果你開發自己的智慧和勇氣，面對面地去與負責人交流，說不定也能扭轉乾坤。

　　英國《泰晤士報》總編輯西蒙‧福格曾在尋找職業方面創造過神話，被人們傳為美談。那是他剛從伯明罕大學畢業的第二天，為了尋找職業，他南下倫敦，直進《泰晤士報》總經理的辦公室，問：

　　「你們需要編輯嗎？」

　　「不需要！」

「記者呢？」

「也不！」

「那麼排版、校對員呢？」

「不，我們現在什麼空缺都沒有。」

「那麼，你們一定需要這個了。」說著福格從包包裡掏出一塊精緻的牌子，上面寫著：「額滿，暫不雇用。」

結果他被破例留下來，做報社的宣傳工作。

▍面試時的嘴皮子功夫

應徵者能否被錄取，面試有著決定性的作用。因此求職者應該花些心思學習面試的應對技巧，方能受到主考官的青睞。

說話時語調明亮開朗，當然是必要的。但如果你僅僅以為發音字正腔圓、聲音洪亮就算是「會說話」，未免過於單純。談話最重要的還是要能觸動對方的想法，清楚表達自我意見。要在言談中表現出誠懇的態度，讓對方願意用心傾聽，就必須在用語及說話方式上多加注意。

語言無非是將所見所聞和心中的感受傳達給對方的一個工具。因此，為了讓對方能清楚明白你想表達的意思，就必須具備將觀察到的具體實象轉換成語言的能力。

並非需要專業的訓練才能擁有這樣的技巧。舉例來說，有希望成為電臺播音員的人，可以利用比賽來做練習，將所看所聽盡可能地說出來，像是進行現場轉播一般。在開始練習的時候，不要抱著先人為主的觀念，認為自己是個不會說話的人，多試幾次，一定會有所改善。

這樣的練習並不需要特定的時間地點。日常生活中，比如坐車的時候，就可以試著觀察周圍的人，然後設法以語言形容，還可以加上自己的

觀點和想法；用餐的時候，試著去評論菜色；或是將電視調為靜音，讓自己看著畫面來說故事。此外，也可盡量爭取擔任宴會司儀的工作，絕對會對你有很大的幫助。

對於事件能侃侃而談，各方引證，並且綜合出個人獨到的見解的人，的確很讓人羨慕。條理清晰、富有邏輯的說話方式，有一定的規則或範例存在嗎？事實上，我們每天都能從電視、廣播、新聞、書籍等管道獲得大量有效的資訊，如果能夠將這些資訊有系統地記憶下來，在分析事情時一定會發揮不小的作用。

另外，我們在與主考官交談的時候，一定要善於理解對方的意思，這裡有幾個回答問題的技巧，你不妨試試：

- **解讀題意**：要了解一個人並不容易，尤其是在面試時那樣有限的時間裡。因此你在回答之前，要先解析問題，知道他「真正想要了解的其實是……」，這是在面試中最重要的一點。

- **針對問題回答**：面試中偶爾發生各說各話的情形。造成這種答非所問的現象，可能有幾種原因：一是應試者太過於緊張，以致根本沒聽清楚問題；二是應試者不想回答或不知該如何回答，因而刻意地忽略原來的問題。如果你不確定是否掌握了題意，應該請對方將問題重複一遍或者向對方求證，否則任何與題意無關的回答可能都會給面試者留下不佳的印象。

- **化負面為正面的技巧**：用人的一方唯恐錯用一個人才，因此在面試時會謹慎地考驗你，他會提出許多尖銳的問題，試圖挖掘你的缺點、弱點，藉以探測你的臨場反應夠不夠機智，試探你在窘迫的狀況下如何自處。因此當你被問及一個負面的問題時，比方說：「你最大的缺點是什麼？」「你的工作最容易遭致批評的地方在哪裡？」「你的主管

經常提醒你要加強的地方有哪些？」你的回答策略是：你所談到的負面因素與你所應徵的工作不相抵觸。例如：王小姐應徵的是會計專員，她回答說「我的缺點是比較不擅長在眾人面前報告」，因此不至於令人產生「她的個性是否不適合這份工作」的聯想。

你所談到的負面因素若由主管的觀點來看反而是一項優點，例如：「我是凡事要求完美的人，總是很嚴格地希望其他同仁也能依照我的標準去做，殊不知事事求好心切的結果是帶給周遭的人莫大的壓力。」

- **回答時須注意連貫性**：例如：如果你一再強調自己是工作態度極度認真的人，另一方面又回答「我通常不考慮加班，反正事情永遠也做不完，我覺得下班後就是屬於個人的時間，不希望再被工作占據……」試問面試者會相信你嗎？

最好的方法是仔細傾聽雇主所提出的問題，聽出話外音，巧妙地回答方能勝算。

在面試中，你也許會聽到招聘者問你：「如果叫你到別的職位，你願意嗎？」這其實是向你發出了一個信號：你應徵的職位也許已「人滿為患」或「名花有主」，但雇主對你有興趣，很想拉你「入夥」。面對這種提問，我們應該迅速做出反應。如果你認為對方是個不錯的公司，你對新的職位又有一定的把握，不妨入門再等待機會；如果對方情況一般，新職位又過分屈才，那就乾脆回答「不」。

▌和不同性格的主考官過過招

今天面試你的主考官是誰？是高高在上的老前輩，還是靦腆可愛的人力資源部的女孩？如何討他們的「歡心」？大家都有實力鋪底，你的策略就顯得格外重要。身為應徵者，你得練就隨機應變的功夫，主考官「型

號」不同，應對的方法也不同。這裡為你披露的，就是不同類型主考官的「命門」所在。

一般來講，你的假想敵 —— 面試官分為 8 種表現形式。

1. **性格外向型**：充滿活力；善談；肢體語言豐富；富有感染力；表裡如一，想到什麼就說什麼。

2. **性格內向型**：外表冷峻，不喜形於色；不善言談；幾乎無任何肢體語言；喜歡沉思默想，而後出言表達。

3. **性格感應型**：語言簡潔精練，直述其意；無想像力，求實際，重事實。

4. **性格直覺型**：談話高深莫測；喜歡用修辭和成語；無論其談吐和表情都給人以模糊、含混的感覺。

5. **貌如思想家型**：富有嚴密的邏輯思考能力；善用分析和推理；性格敦厚。

6. **敏感試探型**：友好，溫和；善解人意，富有同情心；善用外交手腕，處事圓滑。

7. **貌如審判官型**：非常嚴肅和冷靜；具有決定性和組織的權威之感；凌駕於你的情商和智商之上，任意判斷，獨斷專行。

8. **貌如觀察家型**：較活潑，善用遊戲等方式測試候選人；好奇心強；想法隨意，大有天馬行空之勢。

孫子兵法日：「知己知彼，百戰不殆。」對不同「型號」的主考官有不同的招法，倘若你掌握了以下 8 種招式，你將如天馬行空一般馳騁於各種面試之中。

1. **順從傾聽式（針對第一種性格外向型「假想敵」）**：隨他們去說，你只要做個好聽眾，面帶微笑，頻頻點頭，心領神會；時而溫和平靜，時而大笑，時而做驚恐狀，時而作陶醉狀，一言以蔽之，要變化多端。

2. **溫和提問式（針對第二種性格內向型「假想敵」）**：時而提問，時而傾聽；不要打斷他的談話，要有耐心，給他時間去沉思默想。

3. **直接了解式（針對第三種性格感應型「假想敵」）**：直接切入正題；問一句答一句，有理有據，不要誇誇其談；直接闡述你的實際工作經驗，最好引述一兩個成功案例。

4. **假裝領悟式（針對第四種性格直覺型「假想敵」）**：盡力保持談話不間斷，也可以引用成語和典故；要表現出你的創造性和不同尋常的思考模式；強調你已經領悟了他高深莫測的寓意。

5. **以毒攻毒式（針對第五種貌如思想家型「假想敵」）**：回答問題時，你也要邏輯嚴密；與他的觀點和立身之道保持一致；表現出你也是公正無私、敦厚之人。

6. **善解人意式（針對第六種敏感試探型「假想敵」）**：要溫和，平穩；表現出你的熱情助人行為，你的通情達理和為他人著想的美德，你的善於協調組織和溝通不同人之間關係的能力。

7. **被馴服式（針對第七種貌如審判官型「假想敵」）**：要有充分準備且隨機應變；謙虛謹慎，多向他徵求意見；表現出你能服從組織安排。

8. **期待回應式（針對第八種貌如觀察家型「假想敵」）**：要熱烈回應他的任何提議，積極參與協助對你的各種測試；時刻期待著回答他對你提出的各種問題，但要有選擇地回答；不要勉強做出評價和表達自己的意思。

▍學會探知主管的作風

　　良禽擇木而棲，良臣擇主而侍。求職者除了挑選用人單位外，挑主管是一件非常重要的事。大部分的上班族都會同意，我們每天朝九晚五，在

第一章　求職一箭中的

頭腦清醒的時間中，與主管相處的時間甚至比自己的配偶還長。因而就事先了解未來主管一事，也如婚前對伴侶的了解一般重要。

假設成另一種狀況，今天你不是去面試而是去相親，在介紹認識的第 —— 天，你有半天和對象相處及互相了解的時間，之後你有一週的時間去決定嫁娶的問題。我幾乎可以肯定，絕大部分的回答都是「這簡直是在開玩笑，在沒有進一步認識交往之前，我無法做出任何決定！」非常好，因為這正是「慎始」的第一步。這個道理非常簡單，幾乎每個人都懂，但在換工作或選工作的時候，這麼重要的考慮因素卻經常為人所忽視。

延續上述的例子，除了期求更長的時間或更多的資訊以供判斷外，假設你仍須在所知的範疇下做一個決定，那麼問題就來了，這時你必須非常仔細地規劃，在這半天內，如何觀察、了解對方；在隨後的一個星期，又將如何打探這個人的種種習性。假如你是以這種心境準備面試，相信你已贏了一半。

面試是了解未來主管（老闆）的絕佳時機。主管作風因人而異，在此列舉幾個例子提供讀者參考。

- 發現他在面試時喜歡發表自己的看法，長篇大論滔滔不絕 —— 當心日後他不願聽你陳述意見。

- 看見他對別的同事或屬下口氣不佳 —— 當心日後被疾言厲色的對象就是你自己。

- 發現他是其他部門的同事調侃的對象－意味你將加入的這個部門，在公司的地位不高或不受重視。

- 發現他被說了幾句好話就有點飄飄然 —— 與別人相比，你能確定自己是這方面（逢迎奉承）的好手嗎？

- 發現他延誤與你面試的時間長達半小時以上 —— 能忍受將來你遞上的公文被積壓半個月嗎？
- 發現他對某些主題相當執著，毫無妥協餘地 —— 你能在這一觀點上與之長期配合或妥協嗎？

以上是面試時應加以留心的地方。除此之外，在面試當天你也可以很技巧地採取下列方法收集資料。

- 直接詢問用人單位主管的管理理念，最喜歡什麼、最討厭什麼，及最不能忍受什麼等。
- 利用與該公司人事部門面試時，側方打聽，說不定能得知一些資訊。
- 私下詢問目前在該部門工作的同事，通常不能期望由此獲得太多資訊，但筆者的一位朋友卻經歷過一家公司，當他去應試時，該公司的員工居然小聲地告訴他「我們想走都來不及了，你來做什麼？」

面試完畢到結果決定前的 1~2 週，也是多方收集資料的重要時刻。利用各種管道，如該主管過去畢業學校的同學會，其所參加的專業、宗教或服務組織，親友甚至朋友的朋友在該公司上班者。總而言之，這類的消息多多益善。

或許有人認為，與主管的個性或風格應愈接近愈好，如此才有「英雄惜英雄」的感覺。話雖如此，但有時卻不盡然，例如兩個人個性都非常強，搞不好反而會落到「一山難容二虎」不歡而散的下場。就經驗而言，與主管個性的搭配就像夫妻一樣，「互補」應該是最好的搭檔。他的缺點正是你的優點；而你的缺點又能以他的優點來補足。如此相輔相成，才能達到一加一大於二的效果。三國時代的劉備與諸葛亮，近代的理查‧尼克森（Richard Nixon）與亨利‧季辛吉（Henry Kissinger）不正是最好的例子嗎？

不管是近似也罷、互補也好，挑選未來主管時，千萬不要因急於謀職，而隨意選擇了一位風格與自己迥然不同、不來電或是如俗語所說「八字不合」的主管。相剋的結果，由於一來你是新他是舊，二是你在下他在上，到頭來吃虧的一定是你自己。

　　如果是工作多年的上班族，必定共事過不同的主管，建議你在挑選未來的主管時，不妨相信自己的直覺。在面試時覺得看不對眼或是話不投機，即使最後對方願意給你一個工作機會，自己也得三思。因為，萬一將來處不好，對主管而言，大不了再換一個人；但對你來說，有時卻關係著前途及生計大事，故不可不慎重。

▌形象不要有「敗筆」

　　面試時，少數求職者由於某些表情、動作的不當而破壞了自己的形象，使面試的效果大打折扣，從而導致求職失敗。

- **手**：這個部位最易出問題。如雙手總是忙個不停，做些玩弄領帶、挖鼻孔、撫弄頭髮、掰關節、玩弄考官遞過來的名片等動作。
- **腳**：神經質般不停地晃動、前伸、翹起等，不僅製造緊張氣氛，而且會顯得心不在焉，相當不禮貌。
- **背**：哈著腰，弓著背，考官如何對你有信心？
- **眼**：或驚慌失措，或躲躲閃閃，該正視時卻目光游移不定，給人缺乏自信或者隱藏不可告人的祕密的印象，容易使考官產生懷疑；另外，若死盯著考官的話，又難免給人壓迫感而招致不滿。
- **臉**：或呆滯死板，或冷漠無生氣，如僵屍般的表情怎麼能打動人？一張活潑動人的臉很重要。

- **行**：有的人手足無措，慌慌張張，明顯缺乏自信；有的人反應遲鈍，不知所措。這樣不僅會自貶身價，而且考官也會將你看扁。

　　面試時，這些壞習慣一定要改掉，並且自始至終保持斯文有禮、不卑不亢、大方得體、生動活潑的言談舉止。這不僅可大大提升求職者的形象，而且往往能使面試成功的機會大增。

　　一位某集團人力資源部主管趙先生說：「恰如其分的自我包裝能提升應徵者的個人魅力和成功率，而能悟出其中真諦的大學生似乎並不多見。」

　　這位多次主持招聘工作的主管認為，應徵的女大學生中，不少人形象氣質俱佳，只要適當包裝一下就能使人耳目一新。可令人遺憾的是，有的人不是打扮得過於花俏或過於成熟莊重，就是索性素顏過於隨便。他說曾見到一位從外地趕來應徵的女大學生，下了火車，臉沒洗、頭沒梳就直奔面試現場。他說：「我看她的履歷不錯，但是她蓬頭垢面的形象實在讓我難以接受，這樣的『包裝』破壞了我對她的第一印象。」

　　面試是一種雙向交流，這種交流靠語言，也靠非語言的表情、動作。

　　據研究證實，兩個人交流得到的印象，有65%是建立在非語言交流的基礎上。如果一個人的身體語言與他（她）的言語相矛盾，人們寧願相信所看到的，而不是他（她）所說的。而這項研究還顯示，那些善於用眼睛、面部表情甚至小動作來表現自己情緒的應徵者的成功遠高於那些坐姿僵硬、表情呆板的人。

　　表情、動作是一種非常重要的表達形式。面試中，一個讓人反感的坐姿，一個令人討厭的動作，一個使人不快的表情，都會使你丟失印象分。

　　記住，一個人的形象應從平時一點一滴中塑造。

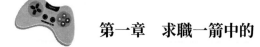

▍別把自己賤賣了

除了希望找到工作，對於年輕人來說，最大的希望莫過於在應徵公司裡能得到一份令人心怡的薪水待遇。為此，你需要學會在應徵時打一場價格「心理戰」。

首先，要大膽展示自己的實力和潛力。在對方還不了解自己的時候，切忌先打聽月薪底數，這樣反而會起負面作用。在詳細介紹自我能力以後，再涉足對方領域，具體表述一下在對方業務上自己有何專長、經驗和優勢，對業務開拓的發展思路和對策等，定會取得對方好感。

其次，後發制人、隨機應變。有經驗的求職者，總是面帶笑意地恭請對方先開價。如合乎己願，也不應該喜形於色，而要經過沉思後，再表示可考慮先接受。如果對方堅持你開價或開價不合意時，要隨機應變，有所鋪陳。比如：向對方說明類似職位普遍的薪資範圍、大公司和中小公司對此類職位的開價差距等，提供對方進行衡量的業界標準。

最後，巧妙迂迴。通常對方會認為你的報價過高，這時最有效的方法就是採取「收益分割法」，把你所要求的薪金分割成幾部分：「這份薪水其中 50% 是基本工資，20% 是各種勞保支出（醫療保險、養老保險、失業救濟金等），還有 30% 是風險成本，即完成目標任務後才能兌現的利益。」經過分析，對方也覺得合情合理，大多會拍板定案。

值得注意的是，年輕人在自抬身價時要堅持以下原則：

- (1) **適度**：所謂適度是指不要抬得超過你的能力，像一位小職員，明明他一個月薪水不到 30,000 元，但他卻說他一個月領到 60,000 元，這已是主管級的待遇。觀察他的專長、年齡和能力，會發現這身價根本是吹噓，如此自抬身價反而造成負面效果。另外，如果哄抬過度，

別人也信以為真，任用了你，結果卻發現你是個劣質品，這種自抬身價的做法會使你信用破產！

- **參考行情**：低於行情有低價傾銷的味道，別人會把你當廉價品看，不會珍惜。如果你能力也夠，可把身價抬得比行情高一點。但如果高出行情太多，除非你是個大天才，而且也有成績做後盾，否則會被當作瘋子。

- **在適當的時候才抬**：如果你有事沒事都在談你的身價，就會變成吹噓，反而沒有人相信了。什麼是適當的時候呢？例如有人問你的時候，大家討論到的時候；有人準備買的時候。

不管你從事的是哪一種行業，擔任的是什麼職務，不必謙虛客氣，適度地自抬身價吧！就算被人笑，也好過自貶身價！而且只要抬成功，以後你的身價只會往上升，不會往下掉，除非你不自愛，自毀長城。

自抬身價還有另外的好處——肯定自己，並成為敦促自己不斷進步的動力，因為身價抬上去了，各方面不跟上去是不行的呀！

初入職場的年輕人，有必要學習有技巧地自抬身價的藝術。事實上，這種行為我們隨時隨處都可見到。例如演員提高片酬，主持人提高主持費，演講者提高鐘點費，乃至於公司的同事要求老闆加薪等，這些動作都是自抬身價！這當中有些人確實有他們自稱的身價，但也有些人根本沒有那麼高的價值。可是，只要他們敢自抬身價，多半能夠如其所願。而事實上，能不能夠立刻如其所願並不是件重要的事，重要的是，他們經過這麼一個動作，為自己定下了一個身價，好比為商品標了價一般，這有昭告眾人的味道，以便下回顧客上門時，能按新的價格成交！

成交？沒錯，在就業市場裡，人也是一種商品，各有各的身價。雖然商品由品質和供需決定價格，但商人也要懂得在特殊狀況，針對某些商

品自抬身價。而顧客就是那麼奇妙，低價時不買，等價格提高了，才搶著要，並且稱讚品質好！在商場裡一件衣服 50 元沒有人買，500 元就有人爭著要的事情屢見不鮮。人也是如此，身價太低，別人看不起，把身價提高了，反而覺得你真了不起，是個大人才！

善始還需善終

　　面試本身就是一個完整的過程，其中任何一個環節有瑕疵，都會影響到錄取人選的決定。有許多人，在面試結束前表現得可圈可點，但在最後一關卻陰溝裡翻船，慘遭「滑鐵盧」，而使前面的努力付諸流水，功虧一簣。

　　其實，最後一關並不需特別準備，只須稍加注意小節即可。例如，面試官稍顯坐立不安或頻頻看錶，你不妨以善解人意的口氣問面試官「是不是後面還有重要的事等著您處理？可能的話我們儘快結束面試，不多打擾了！」如此一來評分表上「懂事」一欄，會有極高的評價。

　　當面試官宣布面試到此結束時，面試者應一面徐徐起立，一面以眼神正視對方趁機作最後的表示，以突顯自己的滿腔熱忱。比如說：「謝謝您給我一個面試的機會。」或是「如果能有幸進入貴公司服務，我必定全力以赴。」然後欠身行禮，輕輕把門關上退出面試室。若面試時間較長，在面試結束時，可以讚揚面試官在面試過程中使你獲益匪淺。許多負責人事聘用的面試官強調，退出面試室的態度相當重要，背脊直挺、從容不迫的人必然是一流的人才。

　　一出面試室，必須先到候客室或服務處向負責傳達或接待的人員道謝後再行離開，這也是做人的基本禮貌。

　　面試結束後，切勿將自己帶去的物品遺忘在對方公司，哪怕只是小小的一支筆、記事本或是身分證件等，這項閃失可能給對方留下粗心大意的

壞印象，以致前功盡棄。還有些人一陣口沫橫飛的暢談後，臨走之時叫錯主考官的姓氏或職稱，這種情形最容易發生在主考官不止一位時，應試者應特別留心，免得貽笑大方。如果是這樣的話，事情就不言而喻了。

▌在拒絕中成長

面試，面試，不停的面試；拒絕，拒絕，不停地被拒絕。有些人在面試後的拒絕中「倒下」，而有些人卻能在面試的拒絕中成長。

如何提高面試品質，它有沒有捷徑？是每一個走出校門、工作尚沒著落的年輕人所迫切想知道答案的問題。

某公司的杜經理的經歷，也許能給上述問題一個答案。當時他由於年輕、工作經驗少，找工作不容易。他通常在晚上收集當天的職缺，找出適合他應徵的職位，並根據該公司對應徵職位的具體要求寫求職信，並把幾月幾日、應徵什麼職位等情況記錄下來貼在牆上，第二天把信寄出後「準時上班」。所謂「準時上班」就是到各類就業輔導單位找工作。他把找工作視為上班，很少「遲到」、「缺勤」。在人才銀行把應徵面試過的單位及雖沒面試但投遞求職信的或有意一試的單位的相關資訊（如單位名稱、地址、連絡人等資料）登記下來，回到家後立刻整理分類，並根據寄信或面試的時間，隔幾天再寫信給同一單位，內容有時是對招聘單位能為自己提供一個就職機會表示感謝，有時是補充一些個人資料，有時談談他對應徵該職位的了解與設想。晚上有時間的話就寫寫面試的得與失，提醒自己下一次面試時需注意的地方。

時間久了，他的臥室像個辦公室，牆上是簡報和應徵公司資訊欄，書桌上堆著地圖、人才銀行資訊，抽屜裡是辦公用品，日記本上記錄著應徵公司、面試感受、應徵公司簡介⋯⋯

這樣一來，有招聘單位的面試通知電話一來，他就會在很短的時間內反應過來：何時寄的信、應徵何單位、地址在何處等等。有時對方都會驚訝他的記憶，他善意地撒謊說「因為我對這職位太在乎的關係嘛」。由於他的認真與執著，苦盡甘來，他面試的機會越來越多，對面試技巧也領悟出一些道理。

對於杜先生而言，找工作也是一份「工作」，同樣需要認真看待，不能憑感覺三天晒網兩天捕魚，或用制式的履歷表去撒網捕魚或靠背出來的答案去回應所有公司的提問。以不變應萬變不如以變應變效果好。許多人事經理在通知應徵者面試時時常聽到對方說「你是哪間公司？請再說一遍！」「對不起，我應徵了很多單位，請問我應徵你公司什麼職位？」，人事經理會自然而然地對他（她）有一種不好的印象。

把找工作當成一項工作，並在這項工作中學習與成長，必然提高找工作的勝算。

求職的 13 個謬誤

毋庸置疑，現在的就業環境日益苛刻，有人甚至驚呼「畢業就意味著失業」。一些大學生多次求職，但四處碰壁。為什麼？除了客觀原因外，更多的原因是他們為自己訂下了太多框框。之所以如此，其實都源於他們頭腦中有許多求職謬誤。下面總結求職者存在的 13 個謬誤。

1. **求職必有一定的邏輯可循**：找工作常是突發行動，需要靈機一動，不是按部就班和按照一定計畫就可以成功的。我們要做的是見機行事。

2. **最好的工作一定是在不公開的就業市場**：工作難找並不能全怪就業市場的不完全開放，何不注意一般分類廣告、人事顧問公司等提供的工作機會？

3. **最好的工作機會盡在最熱門的行業**：以史為證，投入飛快成長的行業並非唯一的成功之道。

4. **條件最好的人一定是求職競爭場中的優勝者**：在求職時，自我推銷和應徵條件一樣重要。

5. **掌握愈多資訊，成功的可能性就愈大**：太多的資訊會導致混亂，造成壓力。

6. **沒有完美的履歷表就沒有被錄取的機會**：完美的履歷表並不能保證你一定能找到好工作，因為大部分雇主只用數秒的時間來看你的履歷表，目的只在過濾不合適的人，而非決定錄取與否。

7. **要想前途一帆風順，一定要積極地拉關係**：10 年前人們常強調關係的重要，然而並非單靠關係就能所向皆捷。太過積極、盲目地拉關係可能會弄得鼻青臉腫，在別人眼裡看來既失態，又不合情理。有新意、可不斷擴展的關係應該趨向精細、保守，還要注意技巧及謀略。

8. **按照既定方向前進，必能騰飛**：人生可走的路不只一條，若執意於一個方向，說不定日後會後悔。應把未來規劃得寬廣一些，而不再是一生只有一次選擇。

9. **所有的籌碼都在老闆手裡，他們都很清楚自己的需求**：不要太高估雇主，他們正如你、我一樣平凡。不管願不願承認，有時他們也不知道要找哪種人。

10. **完美的工作就是每週工作 5 天，福利齊全，加上豐厚的退休金**：世上沒有所謂完美的工作，你只能希望找到一份不錯的工作當跳板，藉以找到更好的工作。

11. **大公司有較多升遷的機會，工作也比較有保障**：現在最有進取性的就是中小企業。

12. **在雇主第一次提出薪水的數字時，就應該心滿意足地接受：**由於遊戲規則的改變，薪水的多寡不再由雇主片面決定，即使在競爭激烈的求職市場，應徵者也有討價還價的空間。應徵者不要低估了自己的能力。

13. **主持面試的人都是西裝筆挺的虐待狂：**不要讓想像把自己擊敗了。不必害怕面試，恐懼只會削減你的實力。

不受歡迎的求職者

美國企業家史密斯先生（Frederick W. Smith）在報刊上登了一個廣告，欲招聘男祕書一名。前來應徵者有 50 人之多，史密斯單單選中一個空手而來沒帶任何個人資料的年輕人查理。

史密斯選中查理的原因有以下幾條：查理進門前先擦淨皮鞋，進門時輕輕關門，這表示了他的細心；一進門便摘下帽子並很敏捷地回答史密斯的問話，表示他很有禮貌而且很聰明；史密斯故意把一本書扔在地上，其他人都毫不在意地踩了過去，只有他撿了起來；應徵時，他不像其他人那樣往前推擠，而是耐心地排隊等候；他衣著整潔，髮型有個性，甚至指甲也洗得乾乾淨淨……查理的儀表、談吐、舉止反映雖然都是小節，但也正是這些小節使查理獲得了一個理想的職位。

在眾多應徵者中，有不少人應徵時不注意這些小節，而是一味地標榜自己的能力，進而拿出一大堆履歷、證書、獎狀，但那些僅僅是紙面上的榮譽，而應徵者面試時的言談舉止、舉手投足都是一種現身說法，這些證明了一個人的修養如何。而個人的修養卻是伴人一生的財富，是成就大業的基礎。因此，求職者在應徵時可別忘了注重這些小節。

面試是每一個現代人找工作都必須邁過的一道坎。在面試過程中，主考官會提出一些稀奇古怪的看似很小的事來考你。由於疏忽或是平時養成的習

慣，可以使各方面看上去都合格的你因一件小事而導致黯然退場。所以，細節也不可忽視。如今，有不少人想求職，但又苦於不清楚面試時應注意哪些問題而不敢成行。一般地，面試有七大忌諱，希望對大家有所幫助。

- **遲到失約**：遲到和失約是面試中的大忌。不但會表現出求職者沒有時間觀念和責任感，更會令面試官覺得求職者對這份工作沒有熱忱，印象分當然大減。守時不但是美德，更是面試時必須做到的事。因此，應提前 10~15 分鐘或準時到達。如因有要事遲到或缺席，一定要儘早打電話通知該公司，並預約另一個面試時間。另外，匆匆忙忙到公司，心情還未平靜便要進行面試，當然表現也會大失水準。

- **數落別人**：切勿在面試時當著面試官數落現任或前任雇主、同事、同學、老師的不是。這樣做不但得不到同情，反而會令人覺得你記仇、不念舊情和不懂得與別人相處，因而招來面試官的反感。

- **說謊邀功**：面試時說謊，偽造自己的所謂輝煌歷史，或將不屬於自己的功勞據為己有，即使當下能瞞天過海，也難保謊言將來會有被揭穿的一日。因此，面試時應實話實說，雖可揚長避短，卻也不能以謊話代替事實。

- **準備不足**：無論學歷如何高，資歷如何深，工作經驗如何豐富，當面試官發現求職者對申請的職位知之不多，甚至連最基本的問題也回答不好時，印象分當然大打折扣。面試官不但會覺得求職者準備不足，甚至會認為他們根本無法致力於這份工作。因此，面試前應做好準備工作。

- **缺乏個性**：充滿個性魅力，這在求職中可加分不少。比如一個應屆畢業生成績雖不好但充滿熱忱，就能引起對方的注意；談話風趣幽默能一下子博得人事經理的好感等。相反，那些個性上缺乏獨特色彩的人

是不受歡迎的。例如，有一部分求職者，特別是一些剛踏入社會的應屆畢業生，由家長或其他家屬陪同到面試現場。家長們可能是唯恐孩子涉世不深，不能正確應對面試中的問題，而失去工作的機會。但是，面試者懷疑，一個事事由別人包辦的人，是不是有能力獨立應付工作的壓力。

- **盲目型**：一些求職者對應徵的公司或職位不甚了解，有時甚至應徵同個公司的多個職位，這樣給人的感覺是缺乏誠意和責任感。不但做不好自己的事，而且還會給別人的工作帶來麻煩。一個不知自己想做什麼或能做什麼的人，又怎麼能指望他把工作做好。

- **生硬死板**：有些求職者的回答顯得制式化，給人事經理的感覺是不夠活躍。在這些求職者中不乏在校成績優秀的畢業生。這類學生學習成績雖比較好，但卻有「死讀書」的致命弱點，執行能力、創新能力、協調能力可能會相對差些，而且一般都缺乏社會經驗，這是十分不利的。

- **語氣詞過多**：使用太多加「呢！啦！吧！」等語氣詞或口頭禪會把面試官弄得心煩意亂。語氣詞或口頭禪太多，會讓面試官誤以為求職者自信心和準備不足。

要想在求職場上抓住機遇，首先就不要做不受歡迎的求職者。

▌別讓職業成為枷鎖

天底下沒有任何一種職業是可以滿足所有的人或使所有的人都不喜歡，任何一種職業都難免有人會喜歡，有人會感到討厭；因為沒有十全十美的工作。

不管你做什麼工作，我們每個人都必須要賺錢過日子，以使自己免受飢寒。因此檢查自己目前的職業角色，評估自己從中能獲得多大的滿足，

將有助於規劃個人成功的人生。

　　我們要清楚地了解到，沒有一種職業是十全十美的。對於職業的滿足與否，應基於個人的事業原動力，以及是否能因此項職業使自己獲益。

　　因此我們有必要仔細評估自己目前的職業，以便發現這項職業是否能給予我們滿足感，是否具有發展機會。

　　職業對從業者的影響很大，從某個角度來看，職業可能會消耗時間並局限個人。例如送信的郵遞員，可能十年如一日，每天早起挨家挨戶送信，而他全部的生活都環繞著這個郵遞任務。所以，職業也可說是一個枷鎖，它在無形中限制了從業者的行動範圍。

　　滿足的可能，是建立在職業的結構中。以超級市場的收銀員為例，她每天站在收銀機旁 8 個小時，輸入一大堆數字。儘管這份工作與許多人接觸，卻很少有能夠表現她個人創意和個性的機會。

　　由此可見，我們有必要十分謹慎地選擇自己所想從事的職業，並及早看清楚此項職業是否提供我們滿足的可能，如果做不到這一點，便可能會阻礙我們的發展。例如有一位製圖人員說：「我的日子都是坐在製圖桌旁，設計製造一些造型。隨著時間的流逝，這工作便越來越顯得沒有意義，而且將我與別人完全隔絕。」

　　這個例子雖然有些極端，但卻很具代表性。據統計，差不多有90％的人都會對他們工作的某方面感到不滿。主要的不滿，皆與工作要求和與個人當時的事業原動力相背有關。

　　剛剛走向社會的年輕人，第一個工作大多是在匆忙之中選定的。為了生活，顧不了那麼多。這個工作一日一日地做下去，一年兩年過去了，人頭熟了，經驗也有了。有的從此安安分分地上他的班，最多換換新的公司，為自己尋求較好的待遇和工作環境；有的則運用已經學到的經驗，自

己創業當老闆，有的則轉行，到別的天地試試運氣。

轉行的想法80%以上的人都有過，光是想當然沒什麼關係，如果真的要轉，那麼一定要考慮幾個因素：

- 我的本行是不是沒有前途了？同行的看法如何？專家的看法又如何？如果真的已沒有多大發展，有沒有其他出路？如果有人一樣做得好，是否說明了所謂的「沒有多大發展」是一種錯誤的理解？
- 我是不是真的不喜歡這個行業？或是這個行業根本無法讓我的能力得到充分的發揮？換句話說：越做越沒趣，越做越痛苦嗎？
- 對未來所要轉換行業的性質及前景，我是不是有充分的了解？我的能力在新的行業是不是能如魚得水？而我對新行業的了解是否來自客觀的事實和理性的評估，而不是急著要逃離本行所以一廂情願的自我欺騙？
- 轉行之後，會有一段時間青黃不接，甚至影響到生活，我是不是做好了準備？

如果一切都是肯定的，那麼你可以轉行！

▌跳槽的幾個理由

當時面試的時候，那似乎是一個理想的職位，處處符合你的要求，你甚至以為自己終於找到一份好工作。把全部心思放在公司裡，希望一展所長，可是，你卻發現現今自己所做的，卻是一些很瑣碎而毫不重要的事情，換言之，你被拋到一個閒置的位置上，本來上司答應交給你具有挑戰性且有創意的工作，竟被其他同事瓜分，你很生氣，是不是？

人在氣憤當中，往往會做出很衝動的事情，所以在你未採取行動向上司遞辭職信以前，還須三思，如果你是首次在這個行業發展，對很多事情

仍感到陌生，你需要多做、多問、多學習，故而不該養成練精學懶的性格，更不可以斤斤計較，能夠有機會讓你深入了解自己的工作，什麼事情都讓你動手去做，這是你的福氣。

相反，如果你對現今的工作不感興趣，無法從中獲得成就感，最令你耿耿於懷的是，你的工作性質根本與你想像中的相差太遠，例如：面試之時，上司答應讓你任他的私人助理，結果其他同事把你當作勤雜看待，事無大小，都叫你去跑腿，遇到這種不合理的現象時，你應該直接跟上司談談自己的感受與想法，事情可能會有轉機，上司開始重視你的價值。

如果你遇到下列情況，便要特別注意，也許這就是你跳槽的理由：

- 經營不善，老闆沒有眼光。
- 經營不透明，老闆把公司當成私人物品。
- 有能力的人紛紛辭職，無能力的人受到重用。
- 中階主管萎靡不振。
- 高階主管獨斷專行。

總之，當今社會是一個開放性的社會，工作也是一種雙向的選擇。老闆有權選擇你，你也有權選擇老闆。樹挪死，人挪活。棄暗投明是你應誓死捍衛的權利。

第一章　求職一箭中的

第二章　工作出類拔萃

找到了心儀的工作就高枕無憂、萬事大吉了嗎？不，絕對不是這樣的。工作只是給了你一個施展「功夫」的舞臺。在這個舞臺上，你必須使出渾身解數，將自己的絕學盡情展露。

▍安全通過試用期

　　獲得錄取如以棒球比賽比喻，僅是考上隊員資格而已，在首次出場打擊時，一來還摸不清對方投手的球路，二來尚未和教練建立充分的默契，若一出場就急著揮球棒，想擊出全壘打，是一件非常危險的事。此時，最佳的戰略應是：避免被三振，先擊出安打再說，一方面協助隊友順利得分，另一方面你仍有展現盜壘、滑壘等高超技巧的機會。在試用期間所應採取的原則幾乎與上述棒球原理一樣：先求穩定，再圖發展，切莫好高鶩遠以致一事無成。

　　有幾個建議對年輕人安全通過試用期有用。

- 先了解公司組織圖、上下級關係及其他部門的負責人。這是建立人際關係的第一步。
- 了解自己工作本身的重大項目，確定職責範疇及許可權。
- 盡量熟悉整體工作流程及公司的管理規章制度。
- 目前最迫切開展的業務是哪些？最重要的工作又是哪些？以優先管理的角度，先處理既急又重要的工作。
- 多學多問，多聽人家的建議。切勿以想當然的做事方法一意孤行。
- 絕對不能在背後說主管、同事或下屬的壞話，否則恐有立刻傳遍全公司之虞。以最善意的態度和方法，先將那些和業務上有關但很難纏的同事擺平，能去除他們的敵意就等於免去後顧之憂。
- 在接任之初，工作情緒低落或產生無力感是常有的事，此時一定要咬牙苦撐，度過所謂轉型期。
- 盡快打入同事的圈子，與每一個人和睦相處。不要獨來獨往，否則同事會認為你高傲不可一世。

- 多去發掘新公司的優點，而非一味地挑剔它的缺點。保持積極正面的態度去接受它，你將會在工作中大展身手。

有些年輕人一旦獲得錄取，就認為萬事大吉，從此放鬆警戒，常常請病假或事假；甚至有人工作還沒有上軌道就開始追求女同事。須知，這段期間事情做得不對，不見得會有人指正你，一來主管尚不知情，二來同事和你尚未熟悉不便提醒你，所以此時應小心行事。如果讓主管覺得糾正你的錯誤，比重新訓練新人的成本還要大時，他們會毫不猶豫地將你辭掉，你也就無法安全通過試用期了。

通過試用，代表你在新的工作環境已獲得初步的肯定，不過這僅僅表示你在此地能夠存活而已。千辛萬苦的求職目的絕非如此。工作一段時間後能受到更多的肯定，並進而逐步攀升，是所有工作族的期望。但無論如何，一個新人想在舊人環境的圈子裡出類拔萃，除了個人平時所修煉的本事外，還得好好規劃一下才行。

不要只為薪水工作

剛跨入社會，每個年輕人都希望能夠得到一份有很高薪水的工作，為此大家可以放棄自己的興趣愛好、專業知識。

的確，每個人都希望能夠賺大錢，但我們都應該切切牢記：「在開始工作的時候，不必太在意薪水的多少。但一定要注意工作所帶來的回饋，比如學會的技能，增加的經驗，培養個人修為等等。」

企業所交付的工作可以發展我們的才能，所以，工作本身就是我們人格品性的有效訓練工具，而企業就是我們生活中的學校。有益的工作能夠使人思想豐富，智慧增進。一個人如果只為了薪水去工作，此外更無其他

較高的動機,那麼他是不忠實的。而受他欺騙最屬害的人,正是他自己。他在日常工作的量與質中欺騙了自己,因這種欺騙而蒙受的損失,日後即使再怎樣的奮起直追、振作努力,也是永遠不能補償的。

所以,如果一個人只是為著薪水而工作,而沒有更高尚的目的,實在不是一種好的選擇。

如果一個人對於薪水高低問題的考慮完全放在那些可以從自己的工作中得來的種種報酬利益上,那麼他是何等的狹隘、小氣,何等的不知輕重啊!企業只支付給你微薄的薪水,你固然可以敷衍塞責來加以報復。可是你應該明白,企業支付給你工作的報酬固然是金錢,但你在工作中給予自己的報酬,乃是珍貴的經驗、優良的訓練、才能的表現和品格的建立,這些東西的價值與金錢比,要高出千萬倍。

你投入工作中的量與質,可以決定你的整個生命之質。不管薪水如何低微,對一切工作,都願付出至善的服務,至高的努力,而不肯自安於「次好」與「較低」,這種精神的有無,可以鑑別出你將獲得成功抑或失敗。

許多年輕人因為所得的薪水,在他們看來低於自己的應得之數,所以在工作時,故意使工作的量與質恰與企業所給的薪水之數「兩訖」來作為標準,將薪資袋以外的種種宏大的報酬都拋棄了。他們對於工作故意採取一種躲避不及與愈少愈好的態度。因為不想去取得那種更重要的薪水,他們自己給予自己盡量少的薪水,寧願坐視自己人格能力的不發達而使自己成為一個狹隘、無效率與失敗的人,使自己的生命中不含有宏偉、尊貴、高大的成分。

在他們給予他們的企業以吝嗇的服務以與企業「兩訖」的時候,他們是在阻礙自己的成長,攔阻自己的前程,而使他們自己終身只做半個人,

而不是一個完整的人；使他們自己變成了一個卑微、狹隘、無用的人，而不是偉大、寬宏、完備的人。

在工作過程中，人應該運用自己的機智，發揮自己的才能和創造力，來改進做事的方法。在工作中，要日日求進步，不要落伍，要以富有興趣的心態來做一切事情。只有這樣，才能使你的雇主對你產生特別的關注。

不要以為你的上司看不出你的努力、功績而不提拔你，假使他是要求高效率的雇員做他助手的話（其實又有哪一個老闆不是這樣呢？），肯定會在你值得被升遷時，將你提拔上去，因為這正是他的心願。毫無疑問，企業將根據雇員的業績決定晉升。沒有哪一個管理者，不願意得到一個優秀的員工。所以，在工作中努力盡職、始終如一的人，總會有獲得晉升的一天。

有些薪水很微薄的人，忽然被提升到重要的職位上，這看來似乎很奇妙。其實，是因為在拿著微薄薪水的時候，他們就在工作中付出了實際的努力，追求盡善盡美的態度，獲得了充分的經驗，這些便是他們忽然獲得晉升的原因。

每個人對於自己的職位都應該這樣想：我投身於企業界是為了自己，我也是為了自己而工作。固然，薪水要盡可能地多些，但那只是個小問題，最重要的是由此獲得踏進社會的機會，也獲得了在社會階梯上不斷晉升的機會。透過工作中的耳濡目染獲得大量的知識和經驗，這將是工作給予你的最有價值的報酬。

世界上有好多人好像專為薪水而工作，他們不尊重自己的工作，不把自己的工作看成創造事業的要素，發展人格的工具，而視為衣食住行的供給者，認為工作是生活的代價、是不可避免的勞碌，這是多麼錯誤的觀念啊！工作固然能解決麵包、生存問題，但是比麵包更可貴的就是在工作中

發展自己的潛能，盡自己的才能，做正直而純潔的事情。如果工作僅僅是為了麵包，那麼生命的價值也未免太低了。

請你切記：世界上最卑微的人，就是那些只為了薪水而工作的人。如果他輕視自己的工作，而且做得很粗陋，那麼他絕不會尊敬自己。薪資袋中的區區之數的取得，只是工作的最低的動機。這可以使你獲得麵包，所以是必要的。但除此以外，你還應該有高尚的要求：要做一個真正的人，要盡最大的努力去做那最正確、最公平的事。

▌把敬業當成習慣

曾在報紙上看到一位企業家的感慨，說現在的年輕人敬業精神不如以往，工作漫不經心，犯了錯也說不得，要求多了便一走了之……

所謂「敬業」就是敬重你的工作。在心理上有高低兩個層次，低層次是「拿人錢財，與人消災」，也就是敬業是為了對老闆有個交代；高層次是把工作當成自己的事，甚至摻進了使命感和道德感。而不管是哪個層次，「敬業」所表現出來的就是認真負責──認真做事，一絲不苟，並且有始有終。

大部分的人做事都是為了雇主而做，不過這並無大關係，他出錢你出力，本該如此。但也有一些人認為能混就混，反正公司倒了又不用我賠。這種想法對你自己並沒有什麼好處。「敬業」看起來是為了公司，其實是為了自己。因為敬業的人能從工作中學到比別人多的經驗，而這些經驗便是你向上發展的踏腳石，就算你以後從事不同的行業，你的工作方法也必會為你帶來助動力。因此，把敬業變成習慣的人，從事任何行業都容易成功。

有人天生有敬業精神，任何工作一接上手就廢寢忘食，但有些人的敬業精神則需要培養和鍛鍊。如果你自認為敬業精神不夠，那麼就應趁年輕

的時候強迫自己敬業，以認真負責的態度做好任何一件事！經過一段時間後，敬業就會變成你的習慣。

把敬業變成習慣之後，或許不能為你立刻帶來可觀的好處，但可以肯定的是，把「不敬業」變成習慣的人，他的成就相當有限，因為他的散漫、馬虎、不負責任的做事態度已深入他的意識與潛意識，做任何事都會有「隨便做一做」的直接反應，結果不問也就可知了。如果讓惡習繼續下去，很容易就此蹉跎一生。

所以，「敬業」短期來看是為了雇主，長期來看可是為了你自己呀！

此外，敬業的人還有其他好處：

- **容易受人尊重**：就算工作績效不怎麼輝煌，但別人也不會去挑你的錯誤。

- **容易受到提拔**：老闆或主管都喜歡敬業的人，因為這樣他們可以減輕工作的壓力。

現在的工作機會難得，你千萬不要以為到處都有「留爺處」而對目前的工作漫不經心，也不要因為不怎麼喜歡目前的工作而一日混一日，你應該趁此機會，磨練、培養你的敬業精神，這是你將來可以用得上的無形資產。

美西戰爭爆發後，美國總統必須儘快與西班牙的反抗首領卡利斯托‧加西亞（Calixto García Íñiguez）取得聯繫，以便獲得他的合作。但沒有人知道加西亞的地點，因為他在古巴叢林的山裡。

有人對總統說：「有一個叫安德魯‧羅文的人，有辦法找到加西亞，只有他才找得到。」

於是，這個名字叫羅文的人得到了一封特殊的信。信之所以特殊，只是相對於大多數信件而言，此信除了指定了要送交的人外，再無其他可依據的投寄方位。羅文的腦海中一定也會瞬間浮現一個疑問：「他在什麼地方？」

第二章　工作出類拔萃

但是他沒有詢問，而是毅然慎重地把信裝進一個油紙袋裡，掛在胸口，如勇士般默默地踏上尋找加西亞的征程。羅文明白，自己的任務便是把信送給加西亞，這是一種唯一，其他的一切都是實現這種唯一的過程和方式。

這是發生在 100 多年前的一個故事，故事的名字叫《把信帶給加西亞》。故事的結局是：三個星期後，加西亞從羅文手中接過了這封信。

每個企業管理者，在讀完這個故事後，都一定會問自己：「我的企業裡誰是把信帶給加西亞的人？誰能這麼敬業？」

對待自己的職業像對待生命一樣的人，我們應該為他塑造不朽的雕像，放在每一所大學裡。年輕人所需要的不只是學習書本上的知識，也不只是聆聽他人的種種教誨，而是要加強一種敬業精神，對上司的託付，立即採取行動，全心全意去完成任務。

所謂敬業就是敬重你的工作！在心理上則有兩個層次，低一點的層次是拿人錢財，與人消災，即敬業是為了對雇主有個交代；高一點的層次是把工作當成自己的事，甚至糅合了使命感和道德感。而不管哪個層次，敬業所表現出來的就是認真負責，認真做事，一絲不苟，並且有始有終！

我們常常看到，年輕一代只有才華，沒有責任心，以善於投機取巧為榮。老闆一轉身就懈怠下來，沒有監督就沒有工作。工作推諉塞責，畫地自限，不自我省思，而以種種藉口來遮掩自己缺乏責任心。懶散、消極、懷疑、抱怨……種種職業病如同瘟疫一樣在企業、政府機關、學校中流行，無論付出多麼大的努力都揮之不去。

但是缺乏敬業精神，我們是否真的能順利前行。

有一個受過良好教育、才華橫溢的年輕人，長期在公司得不到提升。他既沒有勇氣獨立創業，也不願意自我反省，卻養成了一種嘲弄、吹毛求疵、抱怨和批判的惡習。在他看來，敬業是老闆剝削員工的手段，忠誠是

管理者愚弄下屬的工具。他在精神上與公司格格不入，使他無法真正從工作哪裡受益。

他應該明白，有所施才有所獲。如果決定留下來，就應該忠誠於公司，並引以為豪。如果無法不中傷、非難和輕視你的老闆和公司，就應該放棄你的職位，從旁觀者的角度審視自己的心靈。只要你依然是某一機構的一部分，就不要誹謗它。輕視自己所就職的公司就等於輕視你自己。

敬業是能夠獲得好的回報的。即使不能得到好的回報，最終的受益者依然是自己。一種職業的責任感和對事業高度的忠誠一旦養成，會讓你成為一個值得信賴的人，可以被委以重任的人。這種人永遠會被老闆所看重，永遠不會失業。

有個老木匠準備退休，他告訴老闆，說要離開建築行業，回家與妻子兒女享受天倫之樂。老闆捨不得木匠，再三挽留，木匠決心已下不為所動。老闆只能答應，他問他是否可以幫忙再建一座房子，老木匠答應了。

在蓋房過程中，大家都看出來，老木匠的心已不在工作上了。用料與工法不再嚴謹，敬業精神已不復存在。

老闆並沒有說什麼，只是在房子建好後，把鑰匙交給了老木匠。

「這是你的房子，」老闆說，「我送給你的禮物。」

老木匠愣住了。他的後悔與羞愧大家也都看出來了。他這一生蓋了無數好房子，最後卻為自己建了這樣一座粗製濫造的房子。就因為他沒有把敬業精神貫徹到最後。

我們欽佩的是那些不論老闆是否在辦公室都會努力工作的人，敬佩那些盡心盡力完成自己工作的人。這種人永遠不會被解僱，也永遠不會為了要求加薪而罷工。他在每個城市、村莊、鄉鎮，以及每個辦公室、商店、工廠，都會受到歡迎，世界上急需這種人才。初入社會，如果你想成功，你必須成為這樣的人。

▌集中精力全力以赴

有一次我接到一位年輕朋友給我寫的一封信，信上說他已經決定去學習法律了，但在學習之前，他想先做一件別的事情。

可憐世上不知有多少人，被這種惡習所誤啊！他們每天都在做著與自己興趣不合的事情，他們常常自嘆命苦，專等機會到來時，再去做稱心滿意的工作。卻不知光陰似箭，時間永遠是有去無回的，假如你不早點回頭，今天混過了，明天又混過去了，等到把大好的青春時光白白地浪費之後，再想回頭重新學習一些更好的技能時，已經來不及了，這就等於慢性自殺。好多員工大都沒有留意事業成功的要素，常常把事情看得十分簡單，不能集中全部的精力去努力工作。需知工作經驗好比是一個雪球，在事業中，它永遠是愈滾愈大的。

你應該把精力集中在一種事業上，隨時工作、隨時學習。你集中的精力越多，工作起來也就愈覺得容易，

同樣，當你工作時，你應該把精力都傾注在事業上，不管你的工作是什麼，一定要用心地去經營，當你見到它們所帶給你的成果時，一定會驚訝的。

歌德（Goethe）說過：「你適合站在哪裡，你就應該去站在哪裡。」這是給那些三心二意的人最好的忠告。

不管任何人，若不趁年輕時，訓練自己具備集中精力的好習慣，那麼他以後就不會成就什麼事業。一個人最大的損失，是把他的精力沒有意義地分散到多方面的事情上。一個人的能力十分有限，若要樣樣都精，很難辦到。你若想成就一番事業，請牢記這條定律。

無論是誰，若能善於利用精力，不將它分散到毫無用處的事情上去，他就有成功的希望，但是有許多人去東學一點、西碰一下，因此白白忙碌

了一生，什麼事也沒有做成。

小螞蟻是你最好的榜樣，牠馱著一顆米粒，東碰西撞的前進，一路上不知碰到了多少次牆壁、翻過多少個牆頭，才好不容易到達洞口。牠給我們的啟示是：「只有不斷地朝著目標努力，才能得到好的結果。」

聰明的人了解傾注全部精力於一件事上，才能達到目標；聰明的人還善於利用他那不屈不撓的意志和持續不斷的恆心，去爭取生存競爭的勝利。

有經驗的園藝家，習慣於把許多能夠開花結果的枝條剪去，這好像很可惜，可是為了要使樹木能茁壯成長，果實結得特別多，就必須將這些多餘的枝條剪除。否則，他將來在收穫上的損失，會遠遠超過這些枝條的損失。

花匠們為什麼把許多將要開放的花蕾剪去呢？它們不是一樣可以開出美麗的花朵嗎？他們剪去其中絕大部分，能將所有的養分集中在剩下的一、二朵花蕾上，當這些花蕾開放後，就會變為稀有、珍貴的奇葩。

就像培植花木一樣，與其把你所有的精力分散到許多無關緊要的事情上，還不如鎖定一件最重要的目標，集中精力，一定會收到良好的效果。

假如你想成為一個眾望所歸的老闆、成為一個無人能及的老闆，就必須掃除所有雜亂無章的念頭。

如果你想獲得偉大的成就，你就得拿起剪刀，把所有沒有把握的希望都剪除，即使那些已經稍具頭緒的事情，也要忍痛剪掉。一些失敗者，不是由於他們沒有才能，而是因為他們不願集中精力去做一個工作，他們把精力向四面八方分散，從不知道醒悟。若把那些七零八碎的欲望全部剪除，使所有的精力都集中到一個花朵上去，則將來他們肯定會驚訝竟能結出那樣美麗的花朵來。

擁有一種專業技能，要比有十種心思的人更容易成功，因為他始終在這一個方面下苦心求進步，時時注意自己的缺陷，想方設法補足，將事情做得盡善盡美。

相反的，一個有十種心思的人，一定會忙不過來，既要顧到這個，又要顧到那個，不管哪個只能將就一點，結果當然是一事無成。

你必須聚精會神地面對自己的工作，才能得心應手，取得良好的成績。

▌工作自動自發

我們常常認為只要準時上班，按點下班，不遲到，不早退就是完成工作了，可以心安理得地去領薪水了。其實，工作首先是一個態度問題，工作需要熱情和行動，工作需要努力和勤奮，工作需要一種積極主動、自動自發的精神。自動自發地工作的員工，將獲得工作所給予的更多的獎賞。

現在的許多年輕人每天在茫然中上班、下班，到了固定的日子領回自己的薪水，高興或者抱怨一陣之後，仍然茫然地去上班、下班……他們從不思索關於工作的問題：什麼是工作？工作是為什麼？可以想像，這樣的年輕人，他們只是被動地應付工作，為了工作而工作，他們不可能在工作中投入自己全部的熱情和智慧。他們只是在機械地完成任務，而不是去創造性地、自動自發地工作。

當我們踩著時間的尾巴準時上下班時，我們的工作很可能是死氣沉沉的、被動的。當我們的工作依然被無意識所支配的時候，很難說我們對工作的熱情、智慧、信仰、創造力被最大限度地激發出來了，也很難說我們的工作是卓有成效的。我們只不過是在「耗日子」或者「混日子」罷了！

其實，工作是一個包含了諸多智慧、熱情、信仰、想像和創造力的詞

彙。卓有成效和積極主動的人，他們總是在工作中付出雙倍甚至更多的智慧、熱情、信仰、想像和創造力，而失敗者和消極被動的人，卻將這些深深地埋藏起來，他們有的只是逃避、指責和抱怨。

工作首先是一個態度問題，是一種發自肺腑的愛，一種對工作的真愛。工作需要熱情和行動，工作需要努力和勤奮，工作需要一種積極主動、自動自發的精神。只有以這樣的態度對待工作，我們才可能獲得工作所給予的更多的獎賞。

應該明白，那些每天早出晚歸的人不一定是認真工作的人，那些每天忙忙碌碌的人不一定是優秀地完成了工作的人，那些每天按時打卡、準時出現在辦公室的人不一定是盡職盡責的人。對他們來說，每天的工作可能是一種負擔、一種逃避，他們並沒有做到工作所要求的那麼多、那麼好。對每一個企業和老闆而言，他們需要的絕不是那種僅僅遵守紀律、循規蹈矩，卻缺乏熱情和責任感，不能夠積極主動、自動自發工作的員工。

工作不是一個關於做什麼事和得什麼報酬的問題，而是一個關於生命的問題。工作就是自動自發，工作就是付出努力。正是為了成就什麼或獲得什麼，我們才專注於什麼，並在那個方面付出精力。從這個本質的方面說，工作不是我們為了謀生才去做的事，而是我們用生命去做的事！

成功取決於態度，成功也是一個長期積極努力的過程，沒有誰是一夜成名的。所謂的主動，指的是隨時準備把握機會，展現超乎他人要求的工作表現，以及擁有「為了完成任務，必要時不惜打破常規」的智慧和判斷力。知道自己工作的意義和責任，並永遠保持一種自動自發的工作態度，為自己的行為負責，是那些成就大業之人和凡事得過且過之人的最根本區別。

明白了這個道理，並以這樣的眼光來重新審視我們的工作，工作就不再成為一種負擔，即使是最平凡的工作也會變得意義非凡。在各種各樣

的工作中，當我們發現那些需要做的事情 —— 哪怕並不是分內的事的時候，也就意味著我們發現了超越他人的機會。因為在自動自發地工作的背後，需要你付出的是比別人多得多的智慧、熱情、責任、想像和創造力。

▋以勤補能力的不足

「勤能補拙」已是一句老話，但從學校畢業進入了社會，這句話就不一定能常聽到了。

能承認自己有些「拙」的人不會太多，能在進入社會之初即體會到自己「拙」的人更少。大部分人都認為自己不是天才，也都相信自己憑著努力，接受社會幾年的磨練後，便可一飛衝天。但能在短短幾年即一飛衝天的人能有幾個呢？、有的飛不起來，有的剛展翅就摔了下來，能真正飛起來的實在是少數中的少數。為什麼呢？大多是因為社會磨練不夠，能力不足。

那麼有沒有辦法在極短的時間補足自己的能力呢？

所謂的「能力」包括了專業的知識、長遠的規劃以及處理問題的能力，這並不是三兩天就可培養起來的，但只要「勤」，就能很有效地提升你的能力。

「勤」就是勤學，在自己工作職位上，一刻也不放棄，一個機會也不放棄地學習。不但自修，也向有經驗的人請教。別人睡午覺，你學；別人去娛樂，你學；別人一天只有 24 小時，你卻是把一天當兩天用。這種密集的、不間斷的學習效果相當顯著。如果你本身能力已在一般人水準之上，學習能力又很強，那麼你的「勤」將使你很快地在團體中發出亮光，為人所注意。

另外一種「能力不足」的人是真的能力不足，也就是說，先天資質不如他人，學習能力也比別人差，這種人要和別人一較長短是辛苦的。這種

人首先應在平時的自我反省中認清自己的能力，不要自我膨脹，迷失了自己。如果理解到自己能力上的不足，那麼為了生存與發展，也只有「勤」能補救，若還每天痴心妄想，不要說一飛衝天，也許連個飯碗都保不住！

對能力真的不足的人來說，「勤」便是付出比別人多好幾倍的時間和精力來學習，不怕苦不怕難地學，兢兢業業地學，也只有這樣，才能成為龜兔賽跑中的勝利者。

其實「勤」並不只是為了補拙，在一個團體裡，「勤」的人始終會為自己爭來很多好處：

- 塑造敬業的形象。當其他人渾水摸魚時，你的敬業精神會成為旁人眼光的焦點，認為你是值得敬佩的。
- 容易獲得別人諒解。當有錯誤發生，必須找個代罪羔羊時，一般人不大會找一個勤於工作的人來頂替。當做錯了事，一般人也不忍指責，總是會不忍地認為，已經那麼認真了，偶然出點錯沒什麼。
- 容易獲得主管的信任。當主管的喜歡用勤奮的人，因為這樣他可以放心，如果你的能力是真不足，但因為勤，主管還是會給予合適的機會。當主管的都喜歡鼓勵肯上進的人，此理古今中外皆同。

▍把不喜歡的工作做好

別認為工作就是一個人為了賺取薪水而不得不做的事情。工作其實是發展自己才能的載體，是鍛鍊自己的武器，是實現自我價值的工具。

現為某 IT 著名企業的部門經理田先生曾表示：之所以有的員工認為工作是為了賺取薪水而不得不做的事情，是由於他們都缺乏堅實的工作觀。同時，他以一種非常遺憾的口吻回憶了他自己年輕時候的教訓：

第二章　工作出類拔萃

田先生從大學畢業進入該公司時，便被派往財務部門就職，做一些單調的統計工作。由於這份工作高中畢業生就能勝任，田先生覺得自己一個大學畢業生來做這種枯燥乏味的工作，實在是大材小用，於是無法在工作上全心投入；加上田先生大學時代的成績非常優異，因此，他更加輕視這份工作。因為他的疏忽，工作時常發生錯誤，遭到上司的批評。

田先生認為，自己假如當時能夠不看輕這份工作，好好地學習自己並不專長的財務工作，便能從財務方面了解整個公司。原來，公司主管也有意讓他透過熟悉財務工作來全面培養他。然而他自己輕視這份工作而致使晉升的良機從手中流失，直到後來，財務仍是他工作中脆弱的一環。

由於田先生對財務工作沒有全力以赴，以至於被認為不適合做財務工作而被調至業務部門。其實，熟悉財務，熟悉銷售，是公司讓大學生們學會了解市場，然後再研發的一個過程。但身為業務員，必須周旋於激烈的銷售競爭中，於是田先生又陷入窘境，對他而言，又是一種不滿。他並不是為做一個業務員才進入這家公司的，他認為如果讓他做研發方面的工作，一定能夠充分發揮他的才能，但公司卻讓他做一個業務員而任顧客驅使，實在令人抬不起頭。他非常輕視推銷的工作，盡可能設法偷懶。因此，他只能達到一個營業部職員最低的業績標準。

現在回想起來，如果當時能夠不輕視推銷工作而全力以赴，他就能夠磨練自己在人際關係上應對進退的能力，並能培養準確掌握對手競爭的方法，而加以適當的應對等經商辨別力。然而，田先生當時卻一味敷衍了事，以至於後來仍對自己人際關係的能力沒有自信，這對目前的田先生而言，也是非常弱的一環。

田先生因此而喪失身為一個業務員的資格，並被調至市場考察處。與過去的工作比較起來，似乎這個工作最適合田先生，終於讓田先生感覺有

了一份有意義的工作，熱愛並投身於此，因此才逐漸提高其工作績效。

但由於過去五年左右的時間，馬虎的工作態度，使他的考核成績非常不理想，當同期的夥伴都早已晉升為經理時，只有他陷於被遺漏下來的窘境。

這對於田先生是一個非常大的教訓。過去公司所有指派的工作，對於田先生而言，都各具意義。然而，由於他只看到工作的缺點，以致無法了解這些工作乃是磨練自己弱點的最佳機會，也就無法從工作上學習到經驗而遺憾至今。

大多數的人未必一開始就能獲得非常有意義的工作，或非常適合自己的工作。大部分的人，剛開始都被指派做一些非常單調呆板和自認毫無意義的工作，於是認為自己的工作枯燥無味或說公司一點都不了解自己的才能，因而敷衍行事，以至於無法從該工作中學到任何東西。　對待任何工作，正確的工作態度應是：耐心去做這些單調的工作，以培養出從團隊角度思考問題的心智。如果最初無法培養出這種從全域思考問題的心態，漸漸地便會覺得大家事事都在和你作對，而一次又一次的調換工作場所，並慢慢地成為無用的人。

所以即使是單調且無趣的工作，也應該從中學習各種富有創意的方法，使該項工作變得更為有趣且富有意義。

某單位廣播室的小劉在每天必做的發報紙工作中，想盡辦法要符合大家的所需，創造出扇形的報紙排列法，使大家驚喜不已。千萬不可因為工作性質單調、呆板而虛應了事，應該以認真的態度去處理，並想出一些富有創意的辦法，而得以學習到許多事物。

對闖蕩異鄉的人而言，最重要的是在年輕時代去體驗各種工作，特別是去經歷自己所不專長的工作，從而開拓自己所不擅長的能力，豐富自己的不

第二章　工作出類拔萃

同工作經驗。這是因為倘若在財務方面所知有限、不善處理人際關係、缺乏營業觀念和技術不精等缺點，對一個年輕人而言，將導致難以大展宏圖的困境。在當今社會，如果僅專精於一個領域，將會成為一個專業愚才，這樣的求職者很可能會停滯在最低層級。因此，越是向高處走，就越需要具備將所有的事物作綜合性判斷的整合思考能力。如果想要具備這種能力，就必須在年輕的時候，樂於接受自己所不專長的工作，並設法精通，這是非常重要的。在此觀念下，我們便能從日常的工作中學習到許多知識。

▌從小事做起

　　李波從某知名大學中文系畢業，分配到一個出版社工作，一心想成就一番大事業，但一開始，主管請他做校對文稿的工作，有意鍛鍊他的耐心與毅力，可是他卻認為是大材小用，整天都提不起興趣來，對工作毫不認真，經手校對的文稿出錯率往往超過規定的標準。主管認為，連文稿都校對不好，還能做什麼重要的工作呢？與此人相反，他的一個朋友小吳，碩士畢業後分配到一個政策理論研究機構工作，一開始主管讓他處理內部刊物的排版、校對工作，做些雜七雜八的事情。熟悉他的人都覺得浪費人才，可他每天卻帶著極大的熱情去工作。他認為處理排版也是需要學問的，甚至校對文稿也是一件不容易的事。有時為了趕刊物出版時間，連星期日都加班，他不但把自己負責的事情處理好，還主動分擔一些理論研究工作，文章也寫得非常有深度，他的才能與品行很快得到了主管的賞識，工作不到兩年，就已經成為單位的核心職員。並被提升為該刊物的實際負責人。

　　有的大學生、研究生在從事一些毫無創意的工作時，總是感到憤憤不平，認為庸庸碌碌，是浪費青春。在這些思想情緒當中，我們看到一些可貴之處，那就是不願意平庸，而願意有所作為。但是換一個角度，即從對

上司的尊重和服從的角度來說，上述情緒也包含了許多不可取因素。那就是不願從小事做起。何況上司的安排也許是讓你熟悉公司工作流程以便對你委以重任，或許是在考驗你工作的態度。

對任何一個公司而言，倒茶、掃地、跑腿、傳遞資訊、接電話、接待訪客等等，這些事總是要有人做的。行政事務工作形成了祕書人員、科室人員整個單位運作的齒輪，所以說欲做大事必須從小事做起，大事孕育於小事之中。

積沙成塔，聚少成多。勿以事小而不為，要將工作中所得到的知識累積起來作為基礎，並作為邁向下一個階段的構想。 事情即使再小，但「只要能夠作出成績來」，就是一個了不起的人，對自己的成績有了自信心，就能增加好幾倍的效力。

這樣一來，或許在不知不覺間會出現支持者和援助者。如果你想要 1 億元的話，首先應先存夠 10 萬元，當然這並不只限於金錢。一個人如果連 10 萬元也無法存到，那麼 1 億元就永遠像是一個夢想一樣，到後來也只是「空想」罷了。當然更不會有人願意把錢借給這種人，如果能存 10 萬元，或許他人就會給予幫助，當然這種可能性還是非常小的。因為對一個連 10 萬元都沒有的人而言，1 億元真的是一個天文數字，即使說在一年中能存 10 萬元，然後以這個基礎不斷地向前推進，使得 10 年之後有 100 萬，100 年之後有 1,000 萬，但在事實上距離 1 億元，還需要花費 1,000 年，所以即使終其一生，也是無法達到目標的。但筆者相信沒有人會以這種方法計算的，如果加上利息的話，就可以更快達到目標，這應該是任何人都可以了解的。

這裡所舉的「金錢」例子，是以一種非常單純的形態來表示的，但是一般的「能力」和「社會性地位」與「事業」等等也是相同的。

第二章　工作出類拔萃

　　如果能夠將小小的實績提高，再不斷地擴充、累積，就可以使你的「自信心」、「知識」、「社會性的信用」逐漸地擴充。

　　在最初為 10 萬元，但年年增加，就可以以幾何級數飛躍地成長，任何事情都是如此。

　　最初只是小小的實績，但在 10 年之後或許可成長至 50 倍，甚至百倍。

　　不管是金錢、能力、地位、事業，在短期間內都不可能有太快速的成長，但是在經過了 5 年、10 年之後，應該做的事情，已經可以逐漸地熟悉了，這時就可以親身感覺到自己的能力。

　　不管任何事情，在進入正常的軌道之前，總會有許許多多的障礙和挫折。特別是無法得到上司的認可和周圍其他人的協助，當他人無法了解你的苦衷時，你會覺得非常痛苦。

　　不管是要完成一件事情，或改善、改革一件事，都必須以「好奇心」為其先決條件，但是這種「具有好奇心的人」，在現今的社會裡畢竟是少數，很可能是孤獨的，所以當有一個「構想」時，其觀念越新，則外來的抵抗力就會越大，所以如果你有新的構想，你就必須有一個思想準備，也許你會被視為一個奇怪的人。

　　所以我們要想到，在改善日常的工作環境或自我革新時，會受到一些人的抗拒，或者必須做某些方面的犧牲，有時甚至連生命都會受到威脅，有的人就是因為如此，即使有很強烈的好奇心，也不敢輕易地提出，因為一旦提出了改善方案，往往會受到強烈的反對，像這種情形實在是很令人遺憾。

　　為了使你的構想和計畫不至於因為面臨巨大的壓力和周圍人的反對而無法實行，所以必須努力。那就是 ——

　　只有從自己會做的開始，再不斷地累積小小的實績，然後逐漸地增加同伴和認同者。

　　注意其他公司的動向，然後進行模擬，並增強自己的自信心。

　　當你感覺「這是必要的、是好的、是一定要實現的」事情時，就應該嘗試著去掌握重點，並研究如何使之達成的方法，如果只是勉強地一意孤行，好不容易才有的志氣、構想、提案，將因受到強大的壓力和反對而被打垮。

　　自己覺得應做的事，必須逐步地向前進，並等待機會的來臨。但這絕對不是什麼事都不做就可以了，在等待「好機會的來臨」時，必須發動引擎，隨時準備出擊。

　　即使遭到反對和抗拒，也必須不氣餒地向前。秣馬厲兵，等待機會的來臨。這種心態是非常必要的。而且，千萬不可以忘記要隨時掌握住時代的大潮流。

　　雖然很幸運，構想得到了公司的認可，為了克服各種障礙，所以必須順著軌道而行。

　　但是也絕對不可以就此鬆懈了，因為社會的環境在不斷地變化，人們的心態也在不斷地跟著轉變。雖然在剛開始的時候，一切都覺得非常新鮮，但總有一天也會褪色，甚至變得毫不值錢。

　　像這種事在我們身邊可以說是層出不窮的。例如小集團的活動和提案制度等等，常常會出現這種現象。在剛開始的時候，每一個人都充滿了熱忱，不斷提出新的提案和構想，工作環境充滿了活躍的氣氛，就好像起死回生般的出現了奇蹟。但是這也僅僅是一個「短暫的現象」罷了，當有一天這火花消逝時，整個團體又會產生出惰性來。

　　公司團隊的改革也是如此，為了消除一些舊有的弊病，使一個公司更有活力，最重要的就是一個新的團體必須配合新的環境，當然，除此之外還必須要有一股新的活力來源。

同樣的做法、同樣的體制在不斷地持續著，但在剛開始時，一切是多麼的新、多麼的富有創造性，可是在不到一下子的功夫就變得又老又舊，對於這一點，我們可以從「任何的時代裡，年輕人總認為中年以上的人是古板的」得到印證。相反，「年長者總認為現代的年輕人是多麼的無知」。相信在你年輕的時候，你一定也批評過你的上司，前輩是一個「又老又頑固的人」，然而隨著年齡的增加，你到了過去你的上司和前輩的年齡，終於也被稱為是「一個又老又頑固的人」了。

當我們了解了這一點以後，就應該經常在內心裡自己反省著「這樣做就可以了嗎？」經常在內心裡保持著如何突破自我的心態，而且還必須經常有一股吸取新知識，拋棄陳舊東西的活力，但是最重要的是必須使一些新的潮流正常化，如果稍微鬆懈了，或認為「這樣子就可以了」，就會使一切都停滯不前。不過有的時候當你認為這是最好的，而果斷地去實行，也有可能會被批評為比以前還要差勁。

任何人對於自己所想要做的事情，在達成之前都會花許多的時間做各種的努力，但是有許多人往往在取得初步成功後，就抱著「守成」的觀念，再也不肯更進一步了。像這種人就會阻礙了後繼者前進的道路，甚至壓抑了其他人的成長，對於此點不能不多加注意。

▍不要在工作上被人看輕

在工作上被人看輕的人主要有幾種類型，下面一一分述。

- **混日子型**：這種人不把工作當一回事，不但不積極表現，連犯錯也不在乎；「反正混一口飯吃」是他的中心思想；「此處不留爺，自有留爺處」則是他的應變態度。這種人讓人看不慣，可是他每天準時上下班，對人又客氣得要命，讓你抓不到他的小辮子。這種人好像過得很

舒服，其實人家早在心底把他看輕。

- **看輕職位型**：這種人常說「這工作有什麼了不起？」或是「這職位有什麼了不起？」一副懷才不遇的樣子。他看輕他的工作、他的職位；那麼離開算了，何必沒事嚷嚷？可是他又不走。他的舉動就刺激了其他戰戰兢兢工作的同事，於是他們就看輕他了。

- **遲到早退型**：每個人都免不了有遲到早退現象，可是若時常如此，並且自己還不在乎。同事們卻會不以為然，因為他們會覺得這不公平；可是他們又不習慣，也不願和你一樣遲到早退，同時也沒「資格」說你。在拿你沒辦法的情況下，就看輕你了。也許你有特殊的個人原因，可是別人是不管這些的。

- **渾水摸魚型**：這種人機靈狡猾，看起來很認真工作，其實那是在做樣子，他永遠不願承擔責任，但永遠有好處可拿；雖然能言善道，人緣不錯，但實際上別人早在心裡把他看輕。

上述幾種類型總而言之就是不敬業。你不敬業，一則無形中刺激、羞辱了那些敬業的同事，使他們以看輕你作為無言的報復；二則讓人認定你是個不求上進的無賴、混混。如果你這種表現也被主管知道，那麼你別想在工作上有所突破。

也許你會說，被看輕就被輕嘛，有什麼了不起？但是：

- 如果你因不敬業而被看輕，這些評語會到處散播，這對你相當不利。事情若太嚴重，你甚至會連新的工作都找不到，因為同行一定知道你的不敬業，誰敢用一個不敬業的人？

- 你如果不敬業，就算人們不四處散播對你的評語，對你也沒有好處，因為你無法從工作中吸取更多的經驗，而不敬業如果形成習慣，你一輩子就別想出人頭地了！

第二章　工作出類拔萃

不被人看輕和工作能力確實沒有太大關係，人們會尊敬能力中等但拚勁十足的人，但不會尊敬一個能力一等，但工作態度不佳的人；如果能力平平又不敬業，那麼保證別人會把你看輕——甚至也有捲舖蓋走路的可能。

▎為自己拚出幾枚勳章

軍人，尤其是將軍，在穿上正式的禮服時，都會在胸前佩戴各式各樣大大小小的勳章，讓人看得眼花瞭亂。當他們在重要的場合一字排開時，非常壯觀，也令人羨慕。

他們為什麼要佩戴勳章？說好聽一點是禮貌，說實在一點是享受榮耀。只有立功才有勳章可得，立功越多，勳章也就越多，立功越大，勳章的等級也就越高。所以光看胸前的勳章，你就可以知道這個人的身分和地位，而這個人自然會受到他人的尊敬和禮遇。

我們不是軍人、警官，但照樣可以拿「勳章」，為自己建立地位與身分，讓別人識別自己，尊敬自己，禮遇自己！

這裡所謂的「勳章」是指工作上的成就或貢獻，雖然這不能像勳章那樣掛在胸前炫耀，讓所有的人都看得到，但在同僚之間，你的成就或貢獻他們都知道，因此也帶有「勳章」的意義。

作為一個軍人，為國家流血流汗是他的本分與天職，因此只有戰功赫赫才夠格得到勳章。同理，你把例行工作做好不稀奇，因為這本來就是你該做的。必須有特殊的表現，也就是做出別人做不到、不敢做，或還沒做，但被你搶先一步做，對整體有貢獻的事，這才夠格拿「勳章」。這些事一般來說有下列數種：

- **比別人高的業績**：如果你是業務人員，你那讓其他人「可望而不可即」的業績就是「勳章」。

- **解決重大的問題**：無論是老問題或新問題，行政問題或財務問題，如果你能解決別人不能解決的問題，你的功勞就是「勳章」。
- **賺大錢的發明或設計**：如果你是公司的研發、設計部門的人員，你研發出來的產品讓公司賺大錢，那麼你的成績就是「勳章」！
- **增加所屬單位的榮譽**：例如你的貢獻得到政府或民間單位的獎項，你的單位因你而增光，那麼你的得獎就是你的「勳章」！

如果你能得到上述的「勳章」，那麼你在你的團體裡當然會有一定的地位，別人絕對不敢看輕你，連上司也要敬你三分，甚至也可容忍、原諒你在其他方面表現的瑕疵。當然，若因得了「勳章」就得意忘形，目中無人，那就不好了，就算你是得勳章的能手，這一點也是必須要注意的。

那麼，該如何去得「勳章」呢？

軍人要立功拿勳章需要勇氣、決心、智慧和機遇，當然也可能有「糊塗小兵立大功」的情形，但這樣的事情不會太多。同樣，在工作上要拿「勳章」也需要勇氣、決心和智慧，其中尤其勇氣和決心最重要。也就是說，如果你有心去做，並輔以你的智慧，那麼就有可能有一番成就。當然這個過程可能會充滿挫折，好比立功的士兵往往都傷痕累累那般，但只要熬得過，經得起，經驗、見識就會一天天豐富，當然也就造就了拿「勳章」的條件和機會。

異鄉創業金點子還要強調一點，拿了「勳章」，不只在你的團體裡你會得到尊敬，更可能在團體外的同行之間為人所知，成為你的標幟和形象，這是你日後行走異鄉很好的本錢；而且，這「勳章」會跟你很長一段時間。但是要注意，時間久了，人們會漸漸忘記你的「勳章」，所以一次又一次地創造功績，配上一枚又一枚的勳章也就成為你的挑戰了。

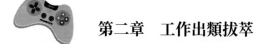

要理解上司的想法

正確理解才能正確實現上司的想法。如果說話做事違背上司想法，那就可能「吃力不討好」，把事情弄糟。通常所謂上司的想法，是指上司個人、領導者在實現目標的過程中，透過文字或口頭下達命令、批示、決定、交辦意見等，這些都需要下屬用心去理解、體會，有時還要向上司當面詢問、請教。

▶ 徹底釐清和理解上司的行動方針

當上司客氣地對你說「好好做，公司的未來要靠你們了」時，你的回答可能只有簡單的一句話：「我一定加倍努力，把工作做好。」回答雖然如此簡單，但事實上卻要複雜得多。從一開始，你就必須弄清楚要做什麼？為什麼要做？做到什麼時候？做到什麼程度等等。所以，需要以上司和下屬的意見以及自己的經驗為基礎，將上司的方針、思想和思考方法等做出歸納，然後站在上司的立場上考慮問題，安排自己下一步的工作。

▶ 了解上司的人格和行為

上司也是人，如果離開了上司職位，他和一般人毫無兩樣。作為下屬，要從正常人的角度去觀察、看待上司，對上司要有一點寬容，不必要求上司一定要人格高尚、出類拔萃，對上司所犯的小錯誤，可以視而不見。

▶ 理解上司對下屬的期待

完成上司安排的任務時，一定要上下合作，齊心協力地來做。從這一點看，要成為上司得意的下屬應該是能夠很好地理解上司的要求和期望，創造出出色業績的下屬。

▶ 掌握上司的工作方法及特點

　　百種人就有百樣的性格，上司處理問題的方法也因人而異。比如聽取下屬彙報的時候，有的上司要求用口頭彙報，有的上司卻要求寫出書面資料；有的上司重視按規章和制度做事，有的上司卻注意人情和關係；有的上司做事乾淨俐落，非常果斷，可有的上司卻非常慎重，走一步看一步。作為下屬，必須抓住這些特點，積極地適應，而不能對上司的做法妄加議論。這一點是處理好上下級關係的訣竅。

▶ 釐清上司的好惡及對問題的看法

　　好惡之分雖是主觀的東西，但上司既然也是人，就不能超脫各種情緒，比如喜歡聽的話就容易聽得進去。下屬平時要釐清上司愛聽些什麼，倘若彙報工作時，插入一些上司平常喜歡使用的詞，就會讓上司另眼相待。同時，要透過上司的言辭，好好理解上司對問題的看法，上司絕不會粗暴地對待為他帶來愉快的下屬。

　　封倫本來是隋朝的大臣，隋朝立國不久，隋文帝命令宰相楊素負責修建宮殿，楊素任命封倫為土木監工，將整個工程全交給他主持。他不惜民力，窮奢極欲，將一所宮殿修得豪華無比，一向以節儉自我標榜的隋文帝一見不由大怒，罵道：「楊素這老東西存心不良，耗費了大量的人力和物力，將宮殿修建得這麼華麗，這不是讓老百姓罵我嗎？」

　　楊素害怕因這件事丟了烏紗帽，忙向封倫商量對策，封倫卻胸有成竹地安慰楊素道：「宰相別著急，等皇后一來，必定會對你大加褒獎。」

　　第二天楊素被召進新宮殿，皇后獨孤氏果然誇讚他道：「宰相知道我們夫妻年紀大了，也沒什麼開心的事了，所以下功夫將這所宮殿裝飾了一番，這種孝心真令我感動！」

第二章　工作出類拔萃

封倫的話果然應驗了。楊素對他料事如神很覺驚異，從宮裡回來後便問他：「你怎麼會估計到這一點？」

封倫不慌不忙地說：「皇上自然是天性節儉，所以一見這宮殿便會發脾氣，可他事事處處總聽皇后的，皇后是個婦道人家，什麼事都貪圖華貴漂亮，只要皇后一喜歡，皇帝的意見也必然會改變，所以我估計不會出問題。」

楊素也算得上是個老謀深算的人物了，對此也不能不嘆服道：「揣摩之才，不是我所能比得上的！」從此對封倫另眼看待，並多次指著宰相的交椅說：「封郎必定會占據我這個位置！」

可還沒等到封倫爬上宰相的位置，隋朝便滅亡了，他便歸順了唐朝，他又要揣摩新的主子了。有一次，他隨唐高祖李淵出遊，途經秦始皇的墓地，這座連綿數十裡、地上地下建築極為宏偉、墓中隨葬珍寶極為豐富的著名陵園，經過楚漢戰爭之後，地上建築破壞殆盡，只剩下了殘磚碎瓦。李淵不禁十分感慨，對封倫說：「古代帝王耗盡百姓、國家的人力、財力大肆營建陵園，有什麼益處！」

封倫一聽這話，明白了李淵是不贊同厚葬的了，這個曾以建築奢侈而自鳴得意的傢伙立刻換了一副面孔，迎合地說：「上行下效，影響了一代又一代的風氣。自秦漢兩朝帝王實行厚葬，朝中百官、黎民百姓競相仿效。古代墳墓，凡是裡面埋藏有眾多珍寶的，都很快被人盜掘。若是人死而地知，厚葬全都是白白地浪費；若是人死而人知，被人挖掘，難道不痛心嗎？」

李淵稱讚他說得太好了，對他說：「從今以後，自上至下，全都實行薄葬！」

從這個例子中可以看出，一個善於了解上司想法的人，不僅要了解上

司的心理、稟性、好惡，還要了解他所處的環境及人際關係，這樣，不僅能先行一步，還能做到棋高一著。封倫的修宮殿，表面上看似不了解隋文帝，其實他知道，真正當家作主的是皇后，從她那裡著手，這才是真正的揣摩高手呀！

▶ 理解上司的處境，體會上司的心情

有些事情必須由上司做出決定，而上司優柔寡斷時，他往往想徵詢下屬的意見。當你感覺到上司處於這種境遇時，就可以對上司說：「我有這樣一點想法，您看如何？」此時，他定會耐心傾聽。假如你的意見被上司採納了，你就會得到他的喜歡。

做上司的往往希望在下屬的工作中有所表現，當下屬的要體會這種心情，要為上司登臺表演創造機會，盡量滿足上司的這種心理。比如，在一件任務已接近完成，下一步就能達到預定目標的重要時刻，要請上司出面。如果你能準備出這樣的場面，則上司對你的評價一定會提高。

▶ 理解上司的難處

上司確實有很大的權力和自主的餘地，但是，他還有很多難處。上司常常為下屬不努力工作而著急；上司同時也被人領導，如同「夾心餅乾」；一旦工作失誤，責任重大等等。但出名、晉升等等肯定還有相當的魅力，即使有人口頭上說「不為做官出名」，其行徑卻常常與此相反，做下屬的做到心中有數就行了。

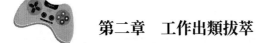

沒有任何藉口

　　一支部隊、一個團隊，或者是一名戰士或員工，要完成上司交付的任務就必須具有強而有力的執行力。接受了任務就意味著作出了承諾，而完成不了自己的承諾是不應該找任何藉口的。可以說，沒有任何藉口是執行力的表現，這是一種很重要的思想，體現了一個人對自己的職責和使命的態度。思想影響態度，態度影響行動，一個不找任何藉口的員工，肯定是一個執行力很強的員工。可以說，工作就是不找任何藉口地去執行。

　　喜歡足球的朋友都知道，德國國家足球隊向來以作風頑強著稱，因而在世界賽場上成績斐然。德國足球成功的因素有很多，其中一點即是德國隊隊員在貫徹教練的調度、完成自己位置所擔負的任務方面執行得非常徹底，即使在比分落後或全隊困難時也一如既往，沒有任何藉口。你可以說他們死板、機械，也可以說他們沒有創造力，不懂足球藝術。但成績說明一切，至少在這一點上，作為足球運動員，他們是優秀的，因為他們身上流淌著徹底執行的特質。無論是足球隊還是企業，一個團隊、一名隊員或員工，如果沒有完美的執行力，就算有再多的創造力也可能沒有什麼好的成績。

　　巴頓將軍（George S. Patton）在他的戰爭回憶錄《我所知道的戰爭》中曾寫到這樣一個細節。

　　「我要提拔人時常常把所有的候選人排成一排，提一個我希望他們解決的問題。我說：『我要在倉庫後面挖一條戰壕，8 英尺長，3 英尺寬、6 英寸深。』我有一個有窗戶以及大節孔的倉庫，候選人正在檢查工具時，我走進倉庫，透過窗戶或節孔觀察他們。我看到他們把鍬和鎬都放到倉庫後面的地上。他們休息幾分鐘後開始議論我為什麼要他們挖這麼淺的戰壕。他們有的說 6 英寸深還不夠當火炮掩體。其他人爭論說，這樣的戰壕太熱或太冷。如果他們是軍官，他們會抱怨不該做挖戰壕這麼普通的

勞力。最後，有個同伴對其他人下指令：『讓我們把戰壕挖好後離開這裡吧！那個老畜生想用戰壕做什麼都沒關係。』」最後，巴頓寫到：「那個同伴得到了提拔。我必須挑選不找任何藉口而能完成任務的人。」

無論什麼工作，都需要這種不找任何藉口去執行的人。對我們而言，無論做什麼事情，都要記住自己的責任，無論在什麼樣的工作職位上，都要對自己的工作負責。不要用任何藉口來為自己開脫或搪塞，完美的執行是不需要任何藉口。

有些年輕人，在工作當中總是有藉口 —— 儘管有些藉口確是實情。其實，藉口是一種不好的習慣，一旦養成了找藉口的習慣，你的工作就會拖遝、沒有效率。拋棄找藉口的習慣，你就不會為工作中出現的問題而沮喪，甚至你可以在工作中學會大量的解決問題技巧，這樣藉口就會離你越來越遠，而成功離你越來越近。

人的習慣是在不知不覺中養成的，是某種行為、思想、態度在腦海深處逐步成型的一個漫長的過程。因其形成不易，所以一旦某種習慣形成了，就具有很強的慣性，很難根除。它總是在潛意識裡告訴你，這個事這樣做，那個事那樣做。在習慣的作用下，哪怕是做出了不好的事，你也會覺得是理所當然的。特別是在面對突發事件時，習慣的慣性作用就表現的更為明顯。

比如說尋找藉口。如果在工作中以某種藉口為自己的過錯和應負的責任開脫，第一次可能你會沉浸在藉口為自己帶來的暫時的舒適和安全之中而不自知。但是，這種藉口所帶來的「好處」會讓你第二次、第三次為自己去尋找藉口，因為在你的思想裡，你已經接受了這種尋找藉口的行為。不幸的是，你很可能就會形成一種尋找藉口的習慣。這是一種十分可怕的消極的心理習慣，它會讓你的工作變得拖遝而沒有效率，會讓你變得消極而最終一事無成。

第二章　工作出類拔萃

▌學會享受自己的工作

查爾斯‧史考伯（Charles Scott）說：「一個人做什麼事都會有成功的希望，只要他肯努力工作，提起熱忱，縱使工作枯燥或繁重，也不覺得勞苦。一個只等別人督促他工作的人，永遠不會有出人頭地的一天。」

是的，一個人若一開始工作，就覺得受罪，那麼他所做的成績絕不會出色。在他的面前只是一片無邊無際的荊棘。

相反，若他一開始就抱著極大的希望，憧憬著美好的前途，而盡其最大的努力去工作，即使眼前是一片荊棘，也會立刻消失得無影無蹤，出現一條平坦光明的大道。

聖彼得先生年輕的時候是一個看管釘子生產線的工人。每天從早到晚所接觸的，都是釘子，真是枯燥極了。他天天在釘子堆裡打滾。他想世界之大，為什麼要把一生都消磨在釘子堆裡呢？何況這無情的工作永無出頭的一日：做出一批製品，第二批製品便又接踵而至。

聖彼得先生滿腹牢騷，不斷從嘴裡吐出怨言。在他身旁工作的另一位工人聽了，認為他的話正好說出了自己的想法，不知不覺地也抱怨起來……

聖彼得先生想：難道沒有辦法把工作改成有趣的遊戲嗎？於是他開始研究怎樣改良工作和增加工作樂趣。

他對同事說：「你專門做旋釘機上磨釘子的工作，把釘子外面一層粗糙磨光，我專門做旋釘子的工作，誰做得最快，誰就是勝利者。」

他的提議，立刻被對方毫無異議地接受。他們開始競爭，結果工作效率竟增加一倍，大受老闆誇獎，不久他們便升遷了。

聖彼得先生後來升為休士頓機器製造廠的廠長，因為他懂得善待工作，與其勉強忍耐，不如尋找其中的樂趣。他說：「若你被工作壓迫得走投無路，提不起興趣，那你還是趁早改行，不然你將永無出頭的日子。」

戴爾‧卡內基（Dale Carnegie）之所以能在事業上取得巨大的成就，就是由於他懂得生活趣味化和工作趣味化的方法。卡內基小時候就開始自力更生，並且學會享受生活的快樂。他的所有成就，都不是「努力」的結果，而是快樂地做出來的。

卡內基說：「如果一個人不能從工作中找出樂趣，那不是工作本身枯燥的緣故，而是他自己不懂得工作的藝術。」

那真是一句至理名言：一個人對於工作感到沒有興趣或苦悶，都是由於他自己的緣故，並不是工作本身所造成的。

人生下來就要去做一名競爭的選手。當你加入這種盛大的競賽中，你的對手到處都是，沒有一樣事情不是競爭的項目。應該把生活、事業看作是一種永遠的戰鬥，每天都要克服種種困難，每天早上，一睜開眼睛，就能看見勝利的機會，它們隨時能讓你獲取勝利，只要你不放棄競賽的權利！

你的生活是愉快或是苦悶，完全操縱在你的手裡，任你選擇。

利用愉快的心情應付繁重的工作！能使你的工作產生驚人的效果，緊緊抓住升職的機會，去「玩」一下，看看是否有取勝的能力。

工作自測：我做得怎麼樣

對你在工作中的表現進行評價十分重要，那會令你對自己的成績感到自豪，同時能夠改善自己的不足之處。為了幫助你來判斷你到底做得怎麼樣，考慮以下幾個方面：

▶ 工作描述

若你不知道你需要做什麼，你就不能評價你做得怎麼樣，就像在一支曲棍球隊中一樣，在知道自己場上的位置職責和目標之前，所有隊員都不

會離開更衣室的。一個清晰的工作描述應該為：

　　非常明瞭自己的工作職責有哪些；如何才能將自己的工作任務按時保質完成；是否在工作中做到不越權，不多事；如果要將自己的工作發揮到極致，上級主管是否會認為行得通……

▶ 鑑定

　　你現在清楚了你要做什麼，但是你做得究竟怎樣呢？

　　定期的鑑定會幫助我們找出自己的優點和不足。它們能夠確保你清楚老闆對自己的要求，還能確保老闆了解並讚賞你的能力和成績。這是一次為未來的問題和計畫取得實際幫助的機會。

　　鑑定應該是：

　　定期的（可能的話，六個月一次）。

　　你怎麼與老闆共事、和老闆一起做、非正式的、雙向的、祕密的、積極的、建設性的、支持性的，老闆和你都應該事先對鑑定做充分的準備。你需要考慮：

- 過去六個月中你的工作哪部分是值得做的，為什麼？
- 哪部分有問題，為什麼？
- 哪部分需要進行培訓？
- 能充分發揮你的技能的建議。

　　在會談中你的態度一定要端正。來保證你的成績得到承認，但是也要接受有益的批評。

　　最重要的是，你和你的老闆應該計畫未來，設定目標和目的。

▶ 設定目標

每隔三個月，你應該和老闆一起設定目標，並考察一下以前的目標。

新的目標應該是符合實際的和可實現的，而且有一個計畫好的完成日期。設定的目標應該有長期目標和短期目標之分。

進行目標設定使你能夠：

- 確定優先權；
- 預見問題；
- 減少浪費和誤導的損失；
- 確定個人發展方向。

目標內涵：

- 跟上祕書領域的發展形勢。
- 加入一個專業祕書組織。
- 建立一個祕書網路。
- 研究一個新設備，並介紹你的發現。
- 寫一份新聞稿。
- 發展你自己。

積極一些！若你要進步，就要為之付出努力。升遷不會自己找上門的；你要掌握培訓和發展的自主權 —— 沒有人會替你做這些的！你常常會聽人們這樣講「唉，她的機會好」或者「就是運氣」。但你卻應該這樣想「這是一個人努力的結果。」

從檢視你目前的職位開始：

第二章　工作出類拔萃

- 存在什麼樣的機會？去和你的老闆談話。一定要找出對你的制約是什麼。你充分利用你的技能了嗎？
- 你能否替你的老闆擔當更多的授權任務？
- 你如何才能擴充和發展這些技能？

從你現有的水準做起是十分重要的。你必須發展你的「工具袋」，用那些日後能幫助你升職的技能來填充它。在這個階段，你要研究這樣的問題：

- 你的職業目標是什麼？
- 你如何才能達到這個目標？
- 試想把一架大型噴氣式客機降落在一條沒有燈光的跑道上 —— 你有訣竅嗎？稍微震動一下就會安全降落嗎？

我們常常在工作中「摸黑」前進。只要你建立了「標靶」，你就能夠建立指引前進方向的目標。或許你得換跑道，可是你至少要知道自己在朝什麼方向走！設定目標，能說明你：

- 找到方向。
- 不斷前進。
- 確定下一步的計畫。

你既要設定短期目標，也要設定長期目標，假如你只設定長期目標，就容易半途而廢。請你記住「千里之行始於足下」。 你若想獲得一個更高階的職位，你必須事先研究一下。接受合適的培訓；若有必要的話，用自己的時間通過公司培訓。

閱讀公司的年度報告，你必須清楚公司發展狀況，加入一個內部項目組或企劃組。

閱讀與經營有關的雜誌、貿易期刊、圖書等，參加社會集會和典禮。

第三章　關係左右逢源

人在職場，除了將工作做好之外，還必須將各種人際關係處理好。人際關係好的人，在工作遇到困難時有人幫，在工作出現失誤時有人保；人際關係惡劣的人，在工作順的時候都有可能被人踹，更別提遇到困難和出現失誤了。

著名的成功學大師卡內基說過：一個人要取得成功，15％取決於個人能力，85％取決於人際關係。因為一個人的能力畢竟有限，許多事情都是需要得到他人的支援才能做好。而要取得他人的支援，必須要有良好的人際關係，從這一層面來說，職場人際關係甚至比工作還重要。

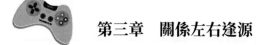

建立好人緣的途徑

在某種意義上，「人緣」是一個人瀟灑走職場的支撐焦。有個「好人緣」，你可以在單位左右逢源，升官時有人選，加薪時有人記；沒有「好人緣」，說不定本來的職位都保不住。

那麼，年輕人在職場要怎樣才能有個「好人緣」呢？

▶ 要有容人之量

四川成都新都寺內有一尊笑容可掬的彌勒佛，佛像旁有一副對聯：大肚能容，容天下難容之事；開口常笑，笑世間可笑之人。這副對聯很耐人尋味。

人生在世，不如意之事常有八九。人事糾葛，牽絲攀藤，盤根錯節。世態百味，甜酸苦辣，難以勝數。職場人際關係中，有時發生矛盾，心存芥蒂，產生隔閡，個中情結，剪不斷，理還亂，當何以處之？

一種方法是「冤家路窄」，小肚雞腸，耿耿於懷；另一種方法，則是冤仇宜解不宜結——「相逢一笑泯恩仇」。毫無疑問，後一種態度是值得稱道的。

▶ 做人要厚道

在處理人際關係時，不能待人苛刻，使小心眼，「睚眥之怨必報」。別人有了成功，不能眼紅，不能嫉妒；別人有了不幸，不能幸災樂禍，落井下石，更不能給人「穿小鞋」。

▶ 為人處世要有人情味

要關心人，愛護人，尊重人，理解人。人與人相處，應該減少「火藥味」，增加人情味。

　　要有急公好義的火熱心腸。人都有三災六難，五傷七癆，人吃五穀雜糧，哪能沒有一點病痛。你能在人家最困難的時候善解人意，急人所難，伸出友誼之手，替人家排憂解難，將是功德無量的大好人。

　　俗話說：「積財不如積德」。行善積德，能得高壽。舊時有一副對聯說得好：「做個好人，天知地鑑鬼神欽；行些善事，身正心安夢魂穩。」誠哉斯言！

▶ 待人以誠

　　誠實是人的第一美德。在古代原始人群的部落裡，撒謊是要受到最嚴厲懲罰的。在處理人際關係時，應該是真心誠意，忠厚老實，心口如一，不藏奸，不耍滑。不要在人生舞臺上，披上盔甲，戴上面具去「演戲」；不能像王熙鳳那樣，「嘴甜心苦，兩面三刀，上頭笑著，腳下使絆子。明是一盆火，暗是一把刀，都占全了。」也不能像薛寶釵那樣「罕言寡語，人謂裝愚，安分隨時，自雲守拙」，對人四面討好，八面玲瓏，城府很深，慣有心機。做人要坦誠，更要有一些俠骨柔腸，光明磊落，襟懷坦白，使人如沐春風，這樣才能有個好人緣。

▶ 靠近「好人緣」

　　有時候你可能有過這樣的感覺，就是某某人在單位內很受歡迎，主管也喜歡他，同事也喜歡他，很有人緣。而有些人則是很少有人喜歡他，他也不喜歡別人，朋友也不多，即人緣很差，像個被社會拋棄一樣。其實這就是我們所常說的「寵兒」和「棄子」。「寵兒」、「棄子」用來表明一個社會成員被其他成員接受的程度，我們把它們用來當作人際關係的術語，也能說明問題。

　　一般而言，大家都比較喜歡「寵兒」。而受到大家普遍喜愛的原因則

第三章　關係左右逢源

各有不同：或者是因為他誠實可信，值得信賴；或者是因為他沉穩老練，做事踏實；或者是因為他知識豐富；或者因為他機警靈活，善處人際關係；甚至是因為他有權有勢有錢等等。總之，他有某一方面或者許多方面被大多數人認可或接受。

在職場建立自己的人際關係網路時，最好能選擇「寵兒」，而且能使「寵兒」與你之間的關係越密切越好。

能夠把「寵兒」吸收進你的人際關係網，使之成為你要好的朋友，無形中就大大增強了你的人際關係網的能量。要是你的人際關係網全部都由「寵兒」組成，那麼你的這個人際關係網的能量將是無比巨大的。此外，結交「寵兒」還會使你受到啟發，學到許多如何贏得眾人青睞的方法。

▌用讚美拉近與上司的距離

心理學研究發現，人性都有一個共同的特質，即每一個人都喜歡別人的讚美。一句恰當的讚美猶如在點心中夾著一塊乳酪，使人甜在心裡。因此，適度的讚美是贏得上司的青睞、縮短與上司的距離、成為上司心腹的重要方法。我們的上司也都是血肉之軀，他們同樣需要他人的讚賞與獎勵。我們對上司讚賞的目的是使他們理解到我們的真誠，同時也得到他最真誠的幫助，形成一種良好的上下級的關係。

值得注意的是，讚美不是「拍馬屁」，讚美是一門微妙的藝術。

▶ 讚美上司要不卑不亢

有人認為活著就是為了升官發財，需要借助別人尤其是上司的力量，而逢迎拍馬是最容易贏得上司青睞的方法，故而不擇手段，以喪失人格和尊嚴為代價換取一時的利益，實在不可取，也是與上司相處的忌諱。

不卑不亢是稱讚上司的原則，也是關係到人格和尊嚴的問題。

▶ 讚美上司要恰到好處

恰到好處的讚美被譽為「具有魔術般的力量」、「創造奇蹟的良方」，稱讚他人是一種內功，稱讚應讓人感覺到是發自內心的，而不是恭維、阿諛、拍馬屁。

讚揚與欣賞上司的某個特點，意味著肯定這個特點。只要是優點，是長處，對團體有利，你可毫不顧忌地表示你的讚美之情。上司也是人，也需要從別人的評價中，了解自己的成就及在別人心目中的地位，當受到稱讚時，他的自尊心會得到滿足，並對稱讚者產生好感。如果得知下屬在背後稱讚自己，還會加倍喜歡稱讚者。

▶ 讚美上司要有所選擇

要選擇上司最喜歡或最欣賞的事和人加以讚美。卡內基說：「打動人心的最佳方式是跟他談論他最珍貴的事物，當你這麼做時，不但會受到歡迎而且還會使生命擴展。」切忌對無中生有的事加以讚美，若你這樣做，會使人們感覺到你是在「逢迎拍馬」而心生厭惡感。

另外，不要在讚美上司時同時讚美他人，除非他是上司最喜歡的人。即使這樣，在讚美他人時也應掌握尺度。

▶ 讚美上司要實話實說

逢迎拍馬的另一個特點就是說謊話、說大話、脫離事實，在外人看來是無稽之談。讚美必須是由衷的，虛情假意的恭維不但收不到好的效果，甚至會引起對方的鄙夷及厭惡。

上司也不蠢，他們知道自己的優缺點所在，如果有人胡亂奉承，他們也不會隨意接受。即使表面上像是接受了，而實際上也能夠分辨出誰在胡言亂語，誰是忠誠踏實。

第三章　關係左右逢源

▶ 以大眾的語氣讚美上司

有人認為要透過讚美上司得到上司對自己的好感，於是逮到機會就表達自己的欣賞，還有的乾脆把別人稱讚上司的話作為自己的話說出來。這樣的讚揚其實是一種最低層次的、狹隘的、不高明的做法。

上司固然想知道自己在個別下屬心目中的形象，但他更關注的是自己在大家心目中的聲譽。一個人的讚揚只能代表稱讚者本身對上司的看法，而一般的上司都明白一個道理，一個人說好不算好。高明的稱讚要加上大眾的語氣，以大眾的目光來稱讚上司，並把自己的讚美融入其中。

以大眾的語氣稱讚上司代表的是同事一致的看法，不僅可以避免同事的妒忌和非議，而且還把同事的好的看法傳達給上司，可贏得同事的尊重。在上司看來，這樣的讚美沒有個人動機在裡面，不是拍馬屁，容易自然而然地接受。

以大眾的語氣稱讚上司必須符合實際，真正代表大家的共同看法，否則就與拍馬屁沒兩樣了。如果大家實際上對上司的某一做法不滿意，而謊稱「大家一致認為您的做法很好」，不僅欺騙了上司，也篡改了大家的想法，最終有一天會露餡。

以大眾的語氣稱讚上司，需要注意下面幾點：

- 平時注意觀察同事對上司的反應，眼觀四面，耳聽八方，搜集各種資訊，並歸納出一些大家都贊同的好的事情。常言道：凡事預則立，不預則廢。平時如果不留心別人怎樣看待上司，當自己稱讚上司時頂多只能談談一己之見了。

- 以大眾的語氣稱讚上司還要有寬廣的胸懷。有人奉「人不為己，天誅地滅」為經典，處處為自己私心所困，心胸狹隘，不僅妒忌別人稱讚上司，更沒有勇氣把同事稱讚上司的話傳達給上司，生怕這樣做是徒

勞無功。這樣的人既不能贏得上司的信任，也不能獲得同事的好感，最終不能成就大事。只有心懷坦蕩、心底無私的人，才有勇氣和信心把大家稱讚上司的意見轉達給上司。

- 要注意在公共場合多以大眾語氣稱讚自己的上司。上司的形象需要時時處處維護，尤其在公共場合，上司更希望得到認可和稱讚。比如會議、參觀訪問等，上司很需要推銷自己，靠自吹自擂當然不行，此時，下屬若以大眾的語氣稱讚自己的上司，更容易讓別人接受，更具有說服力。

▶ 讚美上司要注意場合

讚美上司也要「因地制宜」，因場合和情景不同採取不同的方式。這裡列舉幾種特殊場合分析稱讚上司時應注意的事項。

當著上司親屬的面稱讚上司

在很多單位，因各種原因，下屬經常能碰到上司的親屬。上司在家人面前往往很要面子，不僅需要此時下屬表現得「聽話、順從」，還很希望下屬能當著上司親屬的面「美言」兩句，維護上司的面子：

- 抓住上司與其親屬間的共同特點加以稱讚。一家人總有一家人共同的性格、愛好、能力等方面的特點，一般地講，讚揚這些方面的同時就讚揚了上司一家人。
- 當著上司親屬的面稱讚他，可以代表團體的看法，以團體的口吻來進行稱讚。
- 要坦率、真誠，說話不要含糊，更不要吞吞吐吐，讓人聽起來好像言不由衷或有所保留。
- 不要追求全面稱讚，稱讚不要過於具體。上司在單位和家庭之間的表

現不盡相同，有的表現差距很大，稱讚的方面過多，必有不當之處反被其親屬發現。

當著上司的主管的面稱讚上司

你的上司也有主管，上司的評價和晉升是由他的主管掌握的。一句不經意的話也可能成為上司的主管給你的上司評定功過是非的依據。還有一個層面的問題需要注意，即你對上司的讚揚和評價能否使他的主管接受？所以此時的讚美要慎而又慎。

不論在企業還是在政府機關，你、你的上司以及你上司的上司三者關係非常微妙。首先，你必須在上司的手下工作，必須與他維持好關係；但從長遠看，你畢竟又是他的潛在威脅，終有一天他會被取而代之；你被取而代之的權力並不掌握在你的上司的手裡，他無論多麼好，也不會心甘情願地讓位給你，你的晉升機會掌握在你的上司的主管手裡，所以你同時還要與你的上司的主管維持好關係。這就是稱讚你的上司之前必須深明的一條原則，捨此原則就會碰壁。

其次，要弄清楚你的上司與他的主管之間的共同點和分歧點，弄清楚他們矛盾的情況。對他們的共同點可以稱讚一番，而不必擔心得罪任何人。對他們的分歧要實事求是地發表自己的看法，沒有必要極力恭維或刻意討好兩者中的一個。

此外，在這種情況下，明智的做法是不要妄加評論，更不要摻雜是非對錯在其中。評價上司不是一件容易的事情，如果你的上司與他的主管關係很好，讚美誰都無所謂，效果肯定很好。如果三個人都在場，不好開口發表意見，不如坦誠地說：「我不過是個小兵，對上司的事說了也沒可信度，還是上司的鑑定具有說服力。」這樣的答案讓誰都不會難堪。

在交際場合怎樣讚美上司

常言道：強將手下無弱兵。上司的能力強、本事大、名譽好，下屬也差不到哪裡去。所以，在交際場合，在介紹你的上司時，先進行一番讚美，對推銷你的上司和你都是絕對必要的。

總結經驗，在交際場合讚美上司要注意下列事項：

- 要言簡意賅。因為時間限制，不要囉嗦，概括性地讚美幾句，把主要的話點出來即可。
- 要使讚美的話確實起到推銷上司的作用，而不是相反。
- 要讓上司成為大家關注的中心，可以想方設法創造條件，並且要記住：自己千萬不能搶「鏡頭」。
- 要依照需要提前想好說詞，從從容容地讚美。

不妨到上司家走動走動

借一些重大節日之機，到上司家中拜訪，是一種有效的接近上司的方法。對上司而言，下屬的來訪，確是令人欣賞的事。一個連自己下屬都不願親近的上司，可能是一個有缺陷的上司。

到上司家拜訪做客，對上司的家人要積極給予讚美。對上司的言辭或其家人的對話，要用比平常更有禮貌的態度，一一清楚地答對。自己舉手投足間，都要隨時保持「高度的警戒心」。

由於經常的拜訪，久而久之，自然會跟上司的家人變得熟悉起來，這時可以不拘小節。但不可變成輕慢而忽略應有的禮節，別忘了你是他的下屬，在彼此的心目中，始終有不平等的界限存在，這是每一個下屬必須時刻提醒自己的。

第三章　關係左右逢源

因此，不管是初次拜訪或座上常客，畢竟和一般訪客不同，一定要知禮數。

要討上司的歡心，就先「收買」其家人的心，尤其是上司的太太。偶爾在上司家吃飯時，對上司太太親手做的菜餚，不要忘記大大讚賞一番。

對上司的孩子更是應該親切，恰如其分地稱讚孩子聰明伶俐，將來一定青出於藍，有一個錦繡前程，注意這種讚揚一定要具體些，說出孩子在某一方面的天賦或潛質，使上司覺得你稱讚的有道理，如果還能再提些合理的建議，一定會讓他對你更增添好感。俗語云「清官難斷家務事」，在外呼風喚雨的人，在家裡可能不堪老婆或孩子的一擊。下屬如果能仔細觀察，就能借力使力。

作為下屬同時又是賓客，誰都希望得到上司的熱情接待，誰都不想上司對自己下「逐客令」，誰也不願成為上司所不歡迎的人。

那麼，怎樣才能給上司留下良好印象，做一個受人歡迎的賓客呢？

▶ 誠心誠意敬重上司

敬重別人才會贏得別人的尊重。有道是：你敬我一尺，我敬你一丈。作為相對上司來說有些被動意義的下屬，要想受到上司的歡迎，做到敬重上司，也就尤其顯得重要。

可想而知，下屬不將上司放在眼裡，不聽從上司的安排，不遵守上司家裡的規矩，乃至在上司的「領地」亂動亂來，誰會心裡舒服？

敬重上司主要表現在：登門拜訪時不能隨便破門闖入，而要禮貌地敲門探問，以及按照上司的指示落座。引薦新客人面見上司時，應先有禮貌地讓客人認識上司，然後向上司友好地介紹新客人；上司關心詢問你與你聊天時，你要盡量投入，不要一邊回答一邊做其他事情；請求上司給予關照、幫助時，應做到態度誠懇、言詞懇切；向上司借或索取東西時，應與

104

上司好言商量，在徵得上司的同意認可之後才能行事，避免強人所難；告別上司時要打招呼，客氣地道一聲「打擾了」或「麻煩您了」之類的話，以及請上司留步免送，等等。

誠然，如若你與上司情同手足，交誼深厚，也就可以隨便自如一些。不然，過於講究，太彬彬有禮了，不免叫人感到見外。

▶ 切忌喧賓奪主

作為上司，都希望能建立良好的主管形象，是名副其實的主人。既然這樣，下屬的言行就不能太喧鬧，不宜像在自己家裡或自己主持的場合裡一樣毫無拘束地高喊大叫，洋洋自得地展現自己，否則，就會出現下屬言行和聲勢蓋過了上司的錯位場面。若是如此，上司會覺得自己沒面子。比如，本應由上司決斷的事情，你偏偏妄下結論；本是上司請人家吃飯，沒有請你代為敬酒，你卻顯得比上司還能喝而左敬一杯右敬一杯；在上司的妻子或女朋友面前，你居然比上司對她還殷勤……這樣，上司肯定會不高興，即使當場不給你臉色看，也會對你耿耿於懷，開始對你感到厭惡了。

事實上，喧賓奪主難免讓人產生某些誤會而招致一些不良後果。諸如不知內情的旁人，會將「喧賓」者當成主人，而把真正的主人又看作賓客，繼而還可能會鬧出笑話來。

當然，接受了上司委託，得到許可後，下屬偶爾「反客為主」，那就是另外一回事了。

▶ 掌握好拜訪時間

時間是具有階段性的特別概念。在「時間觀念」裡，時間的長與短、早與晚及頻繁與稀疏等，所表達的意義各不相同。所以，拜訪時間的掌握，對能否達到良好的拜訪目的，關係甚大，也就是說，只有恰當地抓住

了拜訪時機，上司才會歡迎。這就要求下屬最好了解懂得上司的一些工作和生活習性，熟悉上司的時間安排。

一般說來，上司工作及家務繁忙之時，吃飯及休息之時，情緒及身體欠佳之時，你非急事要事，盡量不要前去拜訪；與上司事先有約，不應遲到，也不必早到，準時赴約即可；求助於上司時，不宜三天兩頭去找人家；除非上司挽留，每次拜訪的時間不宜過長；碰到上司又有來客，應該長話短說，適時起身告辭。

誠然，同事好友之間的非拜訪性串門子，大可不必這麼講究，但也不能「太不知趣」或「太不識相」了。否則，或多或少引起了上司的反感和不滿，那就失算了。

▶ 不宜多嘴多舌

倘若碰到上司在跟別人說話，或是在上司那裡看見或聽見其他客人在交談有關問題，你最好不要插嘴，尤其是除了上司之外，你與其他人員都不熟悉時，更應該這樣。喜歡多嘴多舌，動不動就打聽別人的情況或喜歡對別人的事情發表意見、見風就是雨等等，都是「不懂規矩」、「缺乏修養」或「好管閒事」的不良表現，很容易使人反感。特別是涉及到一些隱私和祕密的時候，下屬就更不要多嘴多舌，不該問的不要問，不能打聽的不要打聽，不應該說出去的不要說。不然，落個「好管閒事」、「傳聲筒」之類的名聲，那你在上司面前的形象，就可能會大打折扣了。

▶ 熱心為上司排憂解難

作為下屬，遇到上司事務繁忙需要援助的時候，主動地給予伸出援手，上司一定會欣喜感激，你也就更加受歡迎了。比如，上司這邊忙得不可開交，那邊又有事情要辦。這時，你就應該請求上司讓自己幫忙辦理其

中一項事情，自己處理不了，也可以提供想法去找別人來做，就算處理得不盡如人意，上司也會為你有一顆熱心而高興，因而十分歡迎你。比如，上司家裡來了一位遠方貴客，你恰巧也在上司家，上司又突然身體不適，不能上街買菜備酒，這時，你就不妨替上司一手操辦這些，以便招待好那位貴客。對此，上司怎能不感激並永記在心？

當然，在熱心為上司排憂解難之時，小心不要幫倒忙，更不可以顧此失彼有損上司或旁人的利益。

另外，盡量不要做某些正式場合中的「不速之客」。比如，上司宴請嘉賓貴客，邀請某人處理或商討某些特殊事務等，你若前來扮演那種「不速之客」，上司往往很為難；不接待不好，接待又不方便。有時會使上司陷入十分窘迫的困境。這樣，上司就會為你的到來感到「頭痛」或「冒火」，你當然也就不受上司歡迎了。

▶ 不要拜訪太頻繁

生活中還有一種常見的現象，有人因為工作關係，為了求得上司的支持，頻繁地往上司家裡跑，尤其在下班以後，在上司家一「泡」就是幾個小時。以為這樣就能獲得上司的好感，事情就好辦得多。殊不知，這種行為不管有心無心都會使人不耐煩。

為什麼不該頻繁造訪上司的住所呢？原因有三：

第一，下屬與上司是工作關係，而住所卻是私人領域。許多人工作之後回家，並不僅是為了獲得食物和睡眠。如果光是為了這一點事，不用回家也能解決問題。

家是一種氛圍，讓人從精神到肉體完全處於放鬆狀態的氛圍。人們工作了一天，緊張了一天，回到家中，恰如魚回到水中，鳥回到林中，輕鬆又自在。

偏偏在這時，門鈴響了，你進來了，帶來了有關工作的整個記憶，破壞了別人悠哉的心情和生活節奏，這怎麼可能是受人歡迎的呢？

第二，一個家庭大多有兩個以上的成員，而別的成員對你這個只有工作關係的外人進來，必然也是不開心的。或許，上司的夫人正要與丈夫一起外出去看電影，或許，上司正希望和夫人一起靜靜地待一下子；或許，主人的孩子正等著爸爸或媽媽輔導功課……

這樣，即使你的上司沒有對你的造訪感到厭惡，人家的家庭成員也會討厭你，並把這種情緒傳染給你的上司。

第三，私下造訪上司的住所，一般而言，動機都不怎麼單純，企圖在彼此之間建立另一種「親密關係」，以便獲得好處。這是一種缺乏自信的表現。你為什麼不能透過努力工作博得上司的好感呢？正直的上司必然對此產生反感，同事們也會認為你是個「馬屁精」。你得了好處，明明是努力工作而得到的，人家卻說是「馬屁」生效了，你吃了虧，人家則說你「活該」。即使有上司真會因此而給你好處，相形之下，又算得了什麼呢？

在上司需要幫助時伸出自己的手

上司也是人，並非事事順心。很多時候，上司也需要做下屬的說明──只是為了面子他們往往不會明說而已。如果你能在上司需要幫助時「雪中送炭」一次，勝過其他時候「錦上添花」十次。

▶ 為處於困境的上司雪中送炭

上司雖然大權在握，但常常有難纏身。他們的困難，有的需要請求他的上司說明解決，有的需要請求他的親朋好友解決，有的則需要下屬說明才能解決。

「上交不詔，下交不瀆」，這是古訓。不在上司面前討好、諂媚是做人的最基本的原則，但如果把幫助上司排憂解難仍然視為諂媚則有失偏頗。上司在公事方面的困難，其實就是大家的困難，幫助上司解除這樣的困難，也就是幫大家的忙，幫自己的忙。

上司的困難，不論是公事方面的還是私事方面的，下屬如果進行幫助，都不應該等上司開口，而應該主動出手。

求人幫忙，總是萬不得已而為之。為什麼？求人幫忙，把自重感讓給了對方，而自己則有一種自卑感和負疚感。如果對方能主動幫忙，困難很快得到了克服，自卑感可以較快地消失。如果對方無動於衷，三番兩次相求還懶得行動，自卑感會達到極點，使人感到受辱，自卑感會變成討厭感。因討厭這種見難不幫的人而寧願讓困難發展到不可收拾的地步也不願再去求他，甚至不再願意與他共處。上司求下屬更是這樣，人家已經收了架子，把自重感讓給了你，如果你不識抬舉，他可以另求他人，不受你的「窩囊氣」。

幫人圖報是一種市儈的意識，它嚴重影響相互之間的關係，損害相互之間的情誼。把這種意識帶到上下級關係中來，上下級之間的關係就變成了赤裸裸的金錢關係：不用金錢，上司就沒有凝聚力和號召力。然而一個正直的、稱職的上司是不會徇私情的。對於幫人圖報的下屬，不但不會「報」，還會從此看出他的惟利是圖的本性，進而對他失去信任。

▶ 幫助犯錯的上司

任何人如果犯了錯誤，心情都是沉重的，希望得到別人的諒解與說明，上司犯了錯誤更是這樣。因為上司犯的錯誤，往往不只是他個人的問題，而是整個單位的問題。在這種時候，下屬如果能從多方面給予幫助，相信上司是能心領神會的。

第三章　關係左右逢源

　　上司犯了錯誤，或者有犯錯的苗頭，他自己並未察覺，可能不認為是錯誤，不認為發展下去會犯錯。在這種情況下，他不會輕易地接受你的指正，處理得不好，還會產生反感，不但達不到預期的目的，還有可能使彼此之間的關係弄僵。因此，幫助上司要講究方法，最基本的要掌握以下幾條：

- **批評盡量在私下進行，以保全上司的面子。** 切忌當著眾人的面指出上司的錯誤。可以事先和上司商量，告訴他。你要私下指出他的某一錯誤，並且不要耽擱他很多時間，這樣做，一般都會受到歡迎。特別是當他知道你把在眾人面前發現的錯誤巧妙地在私下給他指出時，他會很感激。你尊重上司，上司也會想著你，並尊重你所提出的批評。如果上司很忙，難於找到私下談話的時間和機會，你可以用寫信或打電話的方法指出其錯誤所在。

- **批評盡量用「糖衣」。** 俗話說：「良藥苦口利於病，忠言逆耳利於行」，這當然是不錯的，但這主要是對被批評的一方說的。對於批評的這一方來說：良藥裹上糖衣使之不苦，忠言講究藝術使之順耳，這樣做效果同樣顯著，且對批評者大有益處。

- **不與上司爭論。** 下屬批評上司的時候，如果上司不能接受，最好不要爭論。生活中十之八九的爭論，結果都是使雙方不歡而散，反而更加堅持自己的意見。批評上司時，更不能借伶牙俐齒來戰勝別人，即使短時間內占了上風，但卻會因此樹了一個強敵。此外得意洋洋地攻擊對方的言論，找出他的破綻，贏得這場爭論，自己往往也並不感到舒心。

　　當上司的錯誤還處在萌芽狀態的時候，本人大多察覺不到自己正在犯錯誤。但是「當局者迷，旁觀者清」，做下屬的大都看得很清楚，在這種情況下，如果你為了討得上司的歡心，以「好好先生」的面貌出現，無異

於給正處在迷濛狀態下的上司的眼睛蒙上一層灰塵，使他一錯再錯下去。上司對自己錯誤的理解，需要經歷一個過程，這個過程是痛苦的，艱難的。這時候，「好好先生」的每句話，常常給正在鼓足勇氣改正錯誤的上司理解錯誤和改正錯誤的過程拉長，於公於私、給人給己都繼續造成許多不應有的損失。當犯錯的上司完全清醒的時候，他會明白挽救他的是千方百計指出和說明他錯誤的人，害他的正是那些好好先生。

▶ 承擔上司不願承擔的事情

上司所做的工作很多，但並不是每件事他都願意去做、願意出面，這就需要有一些下屬去做，去代替上司將棘手的事處理好，替上司分憂解勞，贏得上司的信任。

一般來講，上司有幾願幾不願：

- **上司願做大事，不願做小事**：上司的主要職責是「管」而不是「做」，是過問「大」事而不拘泥於小事。因此在實際工作中，大多數小事由下屬來承擔。此外，如果將過多的精力放於「小事」上，可能會使上司降低了自己的「位置」，有損上司的形象。

- **上司願做「好人」，而不願做「壞人」**：工作中矛盾和衝突都是不可避免的，上司通常喜歡自己扮演「好人」，而不想扮演得罪別人的「壞人」，可以說，這種心理是普遍上司的想法。此時上司最需要下屬挺身而出，扮演馬前卒。

- **上司願領賞，不願受過**：聞過則喜的上司固然好，但那樣高素養的人實在是寥寥無幾。大多數上司是聞功則喜、聞獎則喜，在評功論賞時，上司總是喜歡衝在前面；而犯了錯誤或有了過失後，許多上司都有退縮的心理。此時，上司亟待下屬出來保駕護航，代上司承擔過錯。

■ 代上司受過除了嚴重性、原則性的錯誤外，實際上無可非議。從工作整體而言，下屬把過失歸結到自己身上，有利於維護上司的權威和尊嚴，把大事化小，小事化了，不影響工作的正常開展。此外，因為你替上司分憂解難，贏得了上司的信任和感激，對你日後的發展將是有益的。

▶ 為被孤立的上司送去溫暖

當上司被孤立或處分時，往往眾叛親離，孤立無援，灰心喪氣……不一而足，此時，其心理體驗與普通人一樣陰暗，但是，同普通人相比，這種失意往往是極端輝煌和榮耀之後的失意，其心理落差會更大，對心理的衝擊會更強烈，對世情冷暖會體驗得更深刻，而對重獲顯赫的渴望也更強於常人。

「患難之中交知己」，在上司處於危難之中時，一點一滴的說明都會讓他覺得珍貴，受到感動。因為在與他「同甘」的人背他而去時，卻有「共苦」者能繼續支持和幫助他，這是對他忠誠的最大表現。此時沒有一個上司會拒絕被幫助，也沒有一個上司能夠忘記這種真誠。

當上司被孤立或受處分時，下屬該如何與之相處呢？你不妨從下面幾個角度加以考慮。

上司受到孤立或處分的有各式各樣的主客觀原因，但一般不外乎下面幾類原因：

一是與上司關係未處理好。上司也有自己的主管，而且，隨著上司級別的上升與權力的增大，這種上下級關係會變得更加難以處理。你的上司並非事事精明、處處擅長，他也可能因為經驗不足，處事不慎，個性不合，未能處理好與其主管之間的關係。

　　二是在人事傾軋中失利，被同事排擠。由於高層內有分歧，有些人還「挾外人以自重」，各種鬥爭手段層出不窮，令人防不勝防，在這種鬥爭過程中，上司就很可能錯估了形勢，或者受人暗算，或者是「強龍難壓地頭蛇」，而在爭權的過程中失去了對局勢的控制，陷於某種孤立無援的狀態，被人「架空」。

　　三是上下級關係緊張，人際關係惡化。造成這種狀況的原因為兩種：

- 上司工作作風不好，引起眾怒。有些上司任人唯親，賞罰不公，作風粗暴，獨斷專行，更有甚者濫用權力，生活腐化，這當然難以服眾，必然會招致各種譴責，陷入孤立。

- 上司可能因工作觸及了許多人的利益，不能被下屬們理解，結果引起下屬的不滿，而在推行政策方針時陷入孤立。對不同的情況，你要加以區別應對。

　　四是以權謀私受到查處。以權謀私行為的出現，往往是由於缺乏外部監督而引起個人私欲的膨脹所造成的。很明顯，這是道德和政治上無法彌補的汙點，特別是對一些級別較高的上司，這些問題一旦被曝光，往往意味著其政治生命的結束，對此，下屬應該有清楚的認知和冷靜的分析。

　　五是被人誣陷。擔任主管很容易被人嫉恨。對於那些達不到自己不正當目的的人來說，上司就是其「眼中釘，肉中刺」，因此便會想出種種卑鄙手段誣告陷害。然而，對下屬來說，除非有確鑿的證據或有絕對的信任，否則，誰也說不清上司是真的犯了錯誤，還是真的被誣陷，對此，就要下屬的觀察和理解了。無論上司犯的是哪類錯誤，你都應該找出問題發生的根源，確定其性質，預測其前途。並把它們作為你確定應對策略的基礎。

第三章 關係左右逢源

在上司陷於孤立無援的處境之中時，下屬的忠誠是最珍貴、最讓上司難忘的饋贈。然而，正如不懂「破」便不知「立」一樣，下屬在知道「忠誠」的同時，也應知道什麼是「選擇」。古人就有「良禽擇木而棲」的告誡，下屬應該追隨那些英明賢達、胸懷大志的上司，而不應對那些道德敗壞者盲目地「愚忠」。因此，下屬一定要弄清楚上司的為人和他被孤立或處分的原因、性質。對於那些品德低下的上司，最好退避三舍，而對於其他性質問題的上司，則不妨多些寬容和支持，在其危難之時獻出你的忠誠。

當然，即使奉獻忠誠，也是要講究方法的，方法不得當就會適得其反：

- **不冷落上司**：上司受孤立或被處分，並不意味著他已不是上司，也不意味著他已沒有前途。只要他沒有明顯的過失，沒有觸犯眾怒，下屬還是應該一如往日地熱情對待他。當眾人散去，只有你並未因上司的受挫而冷落他，這當然會被上司看在眼中，記在心上，並暗暗感激你的寬容和支持。

- **私下裡多些鼓勵和問候**：當上司被孤立或受處分時，其心裡的苦悶是可想而知的，私下裡慰問你的上司，會大大增加你們彼此的感情。

- **出謀劃策**：慰問和鼓勵上司的確會密切上下級的感情，但卻無助於問題的解決。如果你想在與上司的關係方面更進一步，成為其真正的「貼心人」，你就要學會出謀劃策，幫助上司走出困境。一旦上司了解到你是在為他著想，也的確為他指明了一條明智的、擺脫困境的方法，他將會對你大為欣賞。

- **支援工作**：一如既往地支援受孤立的上司的工作，這既是對上司忠誠的一種表現，也是對工作負責的一種態度。特別是那些有上進心的上司，非常想儘快地做出成績，擺脫困境或將功補過，這時他最需要有人支援他的工作，對你的付出他定會心懷感激，暗記在心。

處於困境之中的上司需要下屬的安慰和鼓勵，更需要下屬實實在在的行動，因為只有行動才是改變現實求得發展的唯一出路。能在言語上慰藉上司的下屬，會使上司感到溫暖；而能在行動上幫助上司擺脫困境的下屬，則會被上司視為「患難知己」。

人們常常說「同甘共苦」，「同甘」人人都會，「共苦」又有幾人能做到呢？在困境中與上司「共苦」，竭力幫助他，你終會有苦盡甘來的一天。

如何與不同性格的上司交往

有句名言說：「山不過來，我就走向山。」山是不可能主動走向你的。作為下屬，需根據上司的不同性格，採取一種主動的方法去拉近自己與上司的距離。

▶ 與懦弱的上司交往

懦弱的人一般不會當領袖，即使當領袖，大權也必定不在手中，自有能者在代為指揮。你必須了解代為指揮的人是什麼個性，再尋找應對的方法。千萬不要與這種軍師型的人物發生衝突，否則必遭失敗。

▶ 與豪爽的上司交往

豪爽的上司最愛有才氣的人，只要善用你的能力，表現出優秀的工作成績，那麼只要時機一到，絕對不用擔心你沒有晉升的機會。時機未到時，只要持續愉快地工作，並且做得又快又好，展現游刃有餘的能力。此外還要隨時注意機會，一旦發現可以異軍突起之機，就要好好把握。計畫必須十分周詳，然後伺機提出，只要得到採用便可脫穎而出。意見被採用表示你有能力，如果再委託你執行計畫，就足以說明你的能力已被肯定。既然有了好的開始，只要一步一步地往上爬，遲早會晉升，但不要操之過急。

第三章　關係左右逢源

▶ **與熱忱的上司交往**

　　剛一接觸就對你表示特別好感的上司，不要有相見恨晚之感和受寵若驚的反應。你並不清楚他的熱情能持續多久。對這類上司，最好是若即若離。「若即」，不會讓他因你的突然冷淡而失望；「若離」，不致使他親密只在短時間內高漲，速來速去。採用這種處理方法，萬一他的情緒低落，你可以靜待機會；情緒高漲時，可以讓他緩緩降溫，以達到合適的熱度。總之，就像鐘擺一樣，讓他在一定的幅度內來回擺動，以致無限。

▶ **與冷靜的上司交往**

　　頭腦冷靜的上司在各種狀況下始終能保持常態。遇到這種上司，你提出的工作計畫和實施建議，不要自作主張，等到決定計畫後，只要負責執行就是了。執行的過程必須作詳細記錄，包括極細微的地方。這種一絲不苟的作風正是這種上司所喜歡的。如果執行過程中遇到困難，你最好能自行解決，不必請示。隨機應變非他所長，多去請示反而可能會貽誤時機，最好事後用口頭報告你當時處理問題的方法，他就會很高興。但要注意的是，即使事後報告，也要力求避免誇張的口氣，雖然當時的確難度極大，也要以平靜的口氣加以輕描淡寫，如此反而更能表現你應變的本領。

▶ **與陰險的上司交往**

　　陰險的上司城府極深，對不滿意的人好施報復，設法剪除。由疑生忌，由恨生狠，輕拳還重拳，且以先下手為強，寧可打錯了好人，也不肯放走了敵人，抱著與其人負我，不如我負人的觀念。其人喜怒不形於色，怒之極，反有喜悅的假相，使你毫無防範。

　　陰險的上司，絕不會採用直接報復的手段，而總是使用計謀。如果你的上司是這種人的話，作為下屬只能如履薄冰，兢兢業業，一切唯上司是

從，賣盡你的力，隱藏你的智慧。賣力易得其歡心，隱藏智慧使他不會把你看在眼裡，更不會忌你、妒你、恨你。如此一來，或許可以相安無事。

掌握與愛挑剔的上司相處的分寸

碰到愛挑剔的主管是最令人頭痛的事了，這樣的主管常常會讓人感到無所適從。比如，明明你是完全按照他的吩咐去處理事情，過後他又指責你辦事不力；信件內容和打字格式是他告訴你的，等你拿給他簽名時，他又說這封信應該重打；你從事的是專業性很強的工作，對你專業一知半解的主管偏偏對你的能力「不放心」……

有的主管如果有妒忌、小氣、自私、偏見等心裡的話，就會處處刁難下屬，即使下屬把一切工作都做得非常好，他也會雞蛋裡挑骨頭，沒事找出事來。

就一般情況而言，主管之所以愛挑剔，不外乎受兩種動力驅使。一種動力是長期自我為中心形成的跋扈乖張的性格；另一種動力是由於缺乏自信而產生的壓制下屬能力的本能。

不管怎麼說，碰到愛挑剔的主管，對下屬而言，總是不利的。那麼，該如何自處呢？以下幾點方法不妨一試。

- **釐清主管的想法**：當主管交給你一項任務之時，你應該問清楚他的要求、工作性質、最後完成的期限等等，避免彼此發生誤解，應盡量符合他的要求。
- **設法獲取主管的信任**：假如主管處處刁難你，可能是擔心你將來會取代他的位置。這時，你應該盡自己最大的努力使他安心，讓他明白你是一個忠心的下屬，你可以主動提出定時向他報告的建議，讓主管完

全了解你的工作情況。一旦獲得他的信任後，他就不會對你提出過分完美的工作要求。

- **正視問題**：不要迴避問題，尊重自己的人格，不卑不亢。正視工作中遇到的問題，嘗試與你的主管相處，針對事情而不是針對個人。例如：主管無理取鬧的時候，你應該據理力爭，抱著「錯了我承認，不是我的錯而要我承認，恕難照辦」的態度，論理而不是吵架，讓他感覺到你的思想和人格。一個言行一致、做事有原則的人，別人當然不會小看，就算主管也不例外。

- **別太計較**：不要對主管的挑剔或刁難太計較，能過去就過去。應該把自己的工作放在最重要的位置，把工作放在第一位。

▌和上司保持適當的距離

　　要成為上司身邊的紅人，但作為下屬，同時也要注意不要和上司過於親近。和主管相處，過於親密，往往弊大於利。其中的理由是顯而易見的，主管和你的地位不同，關係過於親密，會扭曲和干擾上下級之間的正常關係。

　　與主管過於親密，就容易讓他失望。你越是親近主管，他就越會對你提出更多的要求。而你總有達不到的時候，這難免失去信用，而他也會因此而對你感到失望。兩個人長期交往，缺點洞若觀火，這對你不是一件好事，偶爾言及他的缺點，一不高興，會危及到你的職位。俗語說，僕人面前無偉人，主管在某種程度上，思想有所威儀，而你和他過從甚密，他就難以進入角色，無法獲得尊重。

　　另外，與主管過於親密，也容易失去其他人緣。你把精力都用在和主管的周旋上，關係過於親近，倘若同事們看不慣，你不僅會落得「跟屁

蟲」的名聲，也會招致同事的輕視和討厭，甚至有些人還會去拆你的臺。

所以，妥當的、危險性小的辦法是走中庸道路，即「和主管保持一定的距離」，既不引人注目，也不默默無聞；既讓主管感覺到你的存在，但也不要讓主管覺得你無所不在。

年輕人和主管保持適當的距離，應掌握住以下幾點。

- **保持工作資訊溝通，不打聽個人生活問題**：要注意保持工作上的溝通，資訊上的溝通，一定的思想和情感上的溝通。

  但要十分注意的是，不要打聽和窺視主管的家庭祕密，不要去探聽主管的個人隱私。對於主管在工作中的性格、作風和習慣，你可以多一些側面的了解，但對他個人生活中的一些習慣和嗜好則不必過度打聽。

- **只了解主要和必要問題**：和主管保持適當距離，還要注意掌握主管的主要想法和觀念。但不要鉅細靡遺，去熟悉他工作的具體步驟和方法，這樣會使他如坐針氈，感覺你礙手礙腳，不便於他實際工作的執行。

  他是上司，你是下屬，他必定有一些事需要向你保密。你只需要知道一部分事情就行了，不必去追根究底。所以，切忌不要當主管的「顯微鏡」和「跟屁蟲」，否則同事們也會用有色眼鏡來看你。

- **3．注意場合**：和主管保持相對的距離，還有一點要注意，這就是要區分不同的時間、場合和地點。有些事可以在私下談，但在工作時間或公開場合，就應該有所收斂或者有所避諱，以免授人以柄。

- **虛心而有主見**：和主管保持一定的距離，還有一個重點，就是要虛心接受主管對你的所有批評，但同時也應有自己的獨特見解。傾聽主管的所有意見，而發表自己的意見應小心謹慎，避免留下人云亦云的感覺。服從主管的指揮，但不輕易被馴服，否則他會認為你只能使用，而不宜重用。

- **要注意與領導者的接觸頻率**：尤其是正副主管超過兩位的情況下，更要時常檢視自己，有沒有與某一位主管接觸最為頻繁，必須謹慎處之。如果工作之餘經常與某一主管接觸，則容易引起種種不必要的猜測。你雖「君子坦蕩蕩」，但總有「小人常戚戚」，還是必須多加注意。由於工作關係，你可能與某一位主管接觸較多，而與其他主管接觸較少。因此，你應該注意調節「頻率開關」，尋找與接觸較少的主管打交道的機會。從保持良好的人際關係角度看，這種感情上的「平衡」還是很必要的。

- **不要刻意展現你與主管之間的親密關係**：毋庸諱言，每一個主管都有自己喜歡的人，每一個人也都有幾個自己所尊敬的主管。因此，某個主管對你有好感，你對某個主管很「崇拜」，這都是很正常的。但你千萬不要輕易表露與領導者的親密關係，尤其在公共場合更要注意。某機關裡就有這方面的教訓。某個主管與他關係不錯，而他一見那位主管便迎上去東拉西扯裝熟，周圍的同事都很反感，時間一久，那位主管對他也就自然而然地冷淡了。所以，當你與主管在工作中建立起一定的感情後，一定要珍惜，否則，只能適得其反。

維護上司的面子

　　領導者視權威為珍寶，有「人活一張臉，樹活一層皮」的說法。而在官場上，領導者則尤愛面子，很在乎下屬對自己的態度，往往以此作為考驗下屬對自己尊重不尊重、會不會惹事的一個重要「指標」。

　　從歷史上看，因為不識時務、不看上司的臉色行事而觸了霉頭的人並不在少數，也有一些忠心耿耿的人因頂撞了上司而備受冷落。

　　面子和權威之所以如此重要，根本原因在於他們與主管的能力、水

準、權威性密切相關。得罪主管與得罪同事不一樣，輕者會被主管批評或者臭罵一頓；遇上素養不高、心胸狹窄的人可能會報復，暗地裡給你刁難，甚至會一輩子壓制一個人的發展。現實中一些人有意無意地害主管丟臉、損害主管的權威，常常刺傷主管的自尊心，因而經常遭到穿小鞋、受冷落的報復。從與主管相處的角度講，不謹言慎行，一旦頂撞了主管，就會影響你的進步和發展。

為維護主管的權威，必須做到以下幾點：

- **主管理虧時給他留個臺階下**：常言道：得饒人處且饒人，退一步海闊天空。對主管更應這樣。主管並不總是正確的，但主管又都希望自己正確。所以沒有必要凡事都與主管爭個孰是孰非，學會禮讓，給主管個臺階下，維護主管的面子。

- **主管有錯時，不要當眾糾正**：如果錯誤不明顯無傷大雅、其他人也沒發現，不妨「裝聾作啞」。如果主管的錯誤明顯，有糾正的必要，最好尋找一種能使主管意識到而不讓其他人發現的方式糾正，讓人感覺主管自己發現了錯誤而不是下屬指出的，如一個眼神、一個手勢甚至一聲咳嗽都可能解決問題。

- **不違背主管的喜好和忌諱**：喜好和忌諱是多年養成的心理和習慣，有些人就不尊重主管的這些方面。一位處長經常躲在廁所抽菸，經了解得知，這位處長手下有四個女下屬，她們一致反對處長在辦公室抽菸，結果處長無處藏身，只好躲在廁所裡過過菸癮。他的心裡當然不舒服，不到一年，四個女下屬換走了三個。

- **替主管爭面子**：會處理事情的下屬並不是消極地給主管保留面子，而是在一些關鍵時候、「露臉」的時刻替主管爭取面子，給主管錦上添花，多增光彩，取得主管的賞識。

▌不要冷落退休的上司

　　俗話說「善始善終」，雖然上司要走下主管職位了，彼此也不再是上下級關係，但是妥善處理這方面的關係仍是很重要的，它反映了一個人的眼界、涵養和處世的水準。

　　在有些急功近利的下屬看來，上司即將退休，不再掌握實權，因此對自己不再有用，態度馬上急轉直下，由有意巴結變為刻意冷淡。這種以「利」作為衡量一切事物標準的人，不能說是不精明，卻實在是不聰明，是短視行為，難成大器。

　　過河拆橋不僅是一個道德問題，而且對於下屬來說也未必有什麼好處：

　　一是上司身退，餘威尚存。上司要退休了，不再握有實權了，但上司的威望卻並不會立刻消失，它們會透過各種方式對單位內部的既定關係產生影響。有許多上司在與下屬共同的奮鬥歷程中結下了深厚的友誼，這種友誼經得起時間和困難的考驗，具有某種內在的恆定性。許多下屬仍願意聽從其號召，並且在其退休之後可能仍與其保持著私下的往來，透過這種人際互動，上司的觀點、看法等仍會作用於單位內部的人際關係，只是不如從前那麼強烈而已。

　　此外，上司曾經提拔和重用過的人不會忘記他。這些人現在很可能處於某個很重要的工作職位上，雖然上司可能不再有權力了，但他的經驗還在，他的人際關係網還在，這些非正式的途徑都會影響到單位內部某些領導者的看法。既然上司尚有這麼大的威力，而受到影響的人物又存在於你的身邊，與你的切身利益息息相關，你又豈能過河拆橋呢？

　　二是過河拆橋，自斷後路。有的人可能會認為，既然已過了河，拆橋便不會對自己有什麼損失，但是，別人看在眼裡，便不會再為你搭橋了。

人的一生中不可能只渡一條「河」，由於過河拆橋者已失去了「信譽」，讓人覺得不可靠，不值得信賴，就很難在困難時刻得到幫助。

人到了退休年齡，就喜歡回憶過去，回想自己的輝煌歷史。讚揚上司輝煌的經歷，也就是表達對他的欽佩和敬意。而老年人總是喜歡那些尊重自己的年輕人。

即將退休的上司，就像一本精深的厚書，這其中凝聚著他在一生奮鬥歷程中所總結出來的珍貴經驗，而這些經驗的獲得又往往是經過許多的失敗和挫折才總結出來的，因此，其經驗對下屬來說，是尤其珍貴的。談論自己從上司身上學到的東西，會激發他對你的認同感，同時也是顯露了自己謙虛的美德，進而贏得別人的讚揚。

無論如何，上司退休以後都會有某種失落感，此時他最需要別人的安慰以取得心理平衡，所以，你不妨對他退休後的生活做一番美好的描繪，表示你的羨慕之情，從而使上司獲得某種寬慰，振作精神，開始新的生活。

為上司描繪一幅他退休後享受天倫之樂的圖景，鼓勵上司退休之後培養一些有情調的業餘愛好，使他用輕鬆的心境來安排自己的生活，相信他會感到十分寬慰的。

▌將鋒芒適當藏起來

年輕人若無鋒芒，那就是庸人，所以有鋒芒是好事，是事業成功的基礎，在適當的場合顯露一下既有必要，也是應該的。但鋒芒可以刺傷別人，也會刺傷自己，運用起來應該小心翼翼，平時應插在刀鞘裡。所謂物極必反，過分外露自己的才華容易導致自己的失敗，尤其是做大事業的人，鋒芒畢露既不容易達到事業成功的目的，又容易失去了晉升機會。

第三章　關係左右逢源

在現實生活中存在著這樣一種自視頗高的人，他們銳氣旺盛，鋒芒畢露，處事則不留餘地，待人則咄咄逼人，有十分的才能與智慧，就十二分地表現出來。他們往往有著充沛的精力、很高的熱情，也有一定的才能，但這種人卻往往在人生旅途上屢遭波折。一位大學畢業剛到某局處實習的大學生，剛進單位，就對單位處處看不順眼，不到一個月，他就寫了洋洋萬言的意見書給單位主管，上至單位主管的工作作風與方法，下至單位職員的福利，都一一羅列出現存的問題與弊端，提出了周詳的改進意見。但效果卻適得其反，他被單位的某些掌握實權的主管視為狂妄乃至神經病，單位主管不僅沒有採納他的意見，還借某些理由將他退回學校重新分配實習單位。兩年之內，他以同樣的情況，換了四個單位，而且總是後一個比前一個更不順利，他牢騷更甚，意見更多，卻也無可奈何。

那位大學生是鋒芒畢露者的典型，這類人在為人處世方面少了一根弦，以致屢屢在新的人際關係圈子中不能處理好包括上下級關係在內的各種關係，加上在工作上又不注意講究策略與方式，結果不僅妨礙了個人才能的施展，還招來了多種誹謗影射、妒忌猜疑和排擠打擊。隨著時光的流逝，這種人最後沒有因鋒芒畢露而走向成功，卻因屢受挫折而一蹶不振，鋒芒沒了，前程也沒了。

鋒芒畢露的結果是沒給自己留一點退路和餘地，把自己暴露在彈火紛飛的壕溝外，容易招致明攻和暗算。

鋒芒畢露者不受重用是因為人往往同患難易而共榮華難。在打江山時，各路豪傑匯聚在一個麾下，鋒芒畢露，一個比一個有本事。主子當然需要這批人傑。但天下已定，這些虎將功臣不會江郎才盡，總讓皇帝感到威脅。所以屢屢有開國初期斬殺功臣之事，所謂「飛鳥盡，良弓藏；狡兔死，走狗烹」是也。韓信之所以被殺，明太祖火燒慶功樓，無不如此。相

比之下，宋太祖「杯酒釋兵權」就算是比較仁義的了。但這種仁義傳下來了，卻成為一種軟弱，所以終宋一代，武事上似乎沒有什麼建樹。

這真是一個無法調解的矛盾：你不露鋒芒，可能永遠得不到重任；你太露鋒芒，雖容易取得暫時的成功，卻容易招小人暗算。當你施展自己的才華時，也就埋伏下深深的危機。才華是不可不露但更不可畢露的，適可而止吧！很多聰明人在成功時急流勇退，在輝煌時退向平淡，就是表示自己不想再露鋒芒，免得從高處摔下來。而那些不知進退的人卻很難有好下場，這實在怪不得別人。成功後還要貪戀，還要鋒芒畢露，那就會遭人之忌了。

鋒芒畢露者不容易受重用還因為可能會功高震主。而功高震主不僅讓上司不高興，會覺得自己的地位受到威脅，而且一有機會，他會把你踹下去。某機關的局長是很平庸的人，除了玩弄權力什麼也不會。他手下的一位處長很有工作能力，業餘還堅持寫小說、詩歌，小有名氣。但他有一般文人的通病：不謙虛。而且時常在局長跟前賣弄自己的才華，對局長還一臉瞧不起的樣子·傳聞他有取代局長位置的野心。後來，局長放話，說他的作品裡有不少暗示性。第一，他的作品內容不健康，作品不健康當然就是心理不健康，有損主管的形象；第二，如果他沒有那些體驗，怎麼能描寫得那麼細膩？他私底下肯定道德有瑕疵。一個道德敗壞的人怎麼能身居主管職位呢？局長找到這些缺陷，把處長降職為一個不管事的科長。

顯然，這位原處長犯了功高震主的忌諱。歷史上有多少人因此而丟官喪命啊！所以，某些定時候，要掩蓋自己的才華，不要表現咄咄逼人的感覺。畢竟，誰願意活在別人的光輝裡呢？誰會腹背受敵而不及早出手呢？功高震主，他畢竟還是主管，掌握著主導權哪！

綜合類似的事例來看待洪應明在《菜根譚》中再三複述的君子不可太

125

露其鋒芒的思想，不難發現其合理之處。「不可太露其鋒芒」，並不是銷蝕鋒芒，而是指人應隱其鋒芒，不要恃才恃權恃財而咄咄逼人，從而使個人更易被注重秩序與習俗的社會所接受，以免身受背後之箭的害，以免引致那些無謂的煩惱與挫折，其實這也是一項強化自己的學識、才能和修養的過程，有利於培養自己處理好各種人際關係的能力與技巧，是放棄個人的虛榮心而踏實地走上人生旅途的表現。

　　鋒芒畢露者要學會把精明智慧放在心上，須知智慧不是一個戴在臉上的華麗面具，不是老掛在嘴角旁的口頭禪，精明智慧只應體現在踏踏實實的人生進程中。所以，我們在待人接物時，要善於發現別人的長處，尊重別人，不要動輒就口無遮攔地對別人品頭論足、議論別人的美醜賢愚，不要老揪住別人的小過失不放，須知一個人長得醜些、笨些和犯了一些小過失，多半不是他的過錯。如果我們不學會尊重各種各樣的人，就會影響人與人之間的親密關係。同理，平日不可因追求一時的口語之快而作意氣之爭，不可因意氣用事而得理不饒人……總之，學會收斂鋒芒，真誠寬厚地待人，掌握話語儲蓄和行動穩重的技巧。所謂「敏於行而訥於言」，也正是君子「內精明而外渾厚」的多種表現，是不露鋒芒的訣竅。當然，這些表現都是無法偽裝的，否則，倘若偽裝忠厚的面貌來欺騙別人，是難瞞有識之士的。

　　有人認為，不露鋒芒就會埋沒自己的才能和才華。其實不然，不露鋒芒者有一種實至而名歸的特色。東晉時，少年的王獻之曾將一個毛筆寫就的「太」字送到母親處炫耀，經一番細看，母親說：「此字僅那一點的功夫才算是到家啦！」獻之聞言，才深感自己在書法功夫與功力方面都尚欠火候，原來那一點正是他父親王羲之剛加在他所寫的「大」字上的。此後，王獻之以父親為榜樣，不慕虛聲浮名，依缸磨墨，刻苦練字，把十八缸水都用完了，終成了與父親齊名的大書法家。

歷史與現實中的那些深得不露鋒芒者，每每會以喜怒不形於色、少言寡語、平和恬淡的神態和以不譁眾取寵的態度投入生活，做到為人周到，處事練達，從而得到主管的重用。在這方面，初涉人世者不妨從多動手、多動腦、多用耳朵聽與眼睛看，少用嘴巴，從避免與人爭強好勝、計長較短做起，從而開始踏實地走上人生的旅程。

▌拒絕上司的藝術

人的可貴和獨特之處在於有自己的見解。下屬對上司的意見如果不贊同，要會說「不」字。那些怕得罪上司、對上司唯唯諾諾者，上司也許會喜歡一時，但很難長久欣賞。

▶ 對上司不要迷信

上司要求下屬不但要做事，而且要把事做好。一個人要想把事做好，除了配合上司外，必須要動腦筋，有自己的主見。這種主見有時不可避免地會與他人的想法不一致，其中也包括與上司的想法有出入。如果因為怕與上司頂撞而不表達自己的主見，久而久之，上司就會認為你是一個沒有主見的人，這對你今後的發展是非常不利的。

拒絕上司的要求並不是一件容易的事，但在內心不情願的情況下勉強接受工作，工作起來就感到索然無味，也很難獲得好的工作成績。因此，自己若沒有能力完成某項工作時，最好不要貿然答應。

一般來說，上司總會懷著期待的心情，認為自己的指示和命令下屬當然會接受。此時若出人意料地遭到拒絕，上司的心理感受一定不妙。所以下屬向上司說「不」的時候，出言必須謹慎，還要進一步緩和對上司的抗拒情緒，以免上司有些尷尬，進而使他能以輕鬆的心情接受你的反對意見。

▶ 減少上司的抗拒情緒

曾經擔任過日本東芝社長的岩田貳夫說過一句話:「能夠『拒絕』別人而不讓對方有不愉快的感覺的人,才算得上一個優秀的員工。」

因此,拒絕其實是一門學問:

「拒絕」含有否定的含義,無論是誰,自己的意見或要求被否定,當然會造成情緒上的波動。

美國前總統雷根(Ronald Wilson Reagan)在拒絕別人的請求時,總是會先說「yes」(是),然後再說「but」(但是)。這種先肯定後否定的表達方式,讓被拒絕方看來是一種深思熟慮、謹慎的態度,對緩和被拒絕遭拒絕時的抵觸情緒有顯著作用。

▶ 要等上司把話說完

有一種不經心的拒絕態度,就是上司還沒有把話說完,就斷然地否決他。這樣一來,上司即使不惱怒,也不會對你有好感的。要說服別人,總需要聽清楚對方所說的話,這樣才能找出說服對方的理由。

▶ 以問話的方式表示拒絕

以問話的方式拒絕上司時,不要用直接表達自己的意見的方式,應改用詢問的形式。

如:「從以後的發展或長遠的觀點來看,結果會如何呢?」退一步講,用請教的方式,可保住上司的面子,上司或許就漸漸會向你的想法靠攏。

▶ 提出替代方案

提出替代方案的好處在於,你儘管拒絕了上司的計畫,但並不是拒絕上司本人,而是認為他這個計畫行不通,你仍然敬佩上司的工作熱情和對

工作負責的態度。因此，你提出這個替代方案只是為了使上司能把工作處理得更好。這樣一來，上司明白了你的苦心，往往不會責怪你，甚至會認為你在替他分憂，久而久之，視你為值得信任的人。

▌巧妙應對上司的誤解

小王是幾年前從基層調到宣傳部的，方部長是一個求才若渴的人，看到小王在報紙上發表的文章文筆不錯，就決定將這個人才網羅到自己的麾下。六年後，由於小王優秀精明，被調職到廠辦公室工作，廠辦主任也很喜歡他。

過了不久，小王忽然覺得，方部長似乎對自己有點偏見，關係有漸漸疏遠的感覺。經過了解，才知道原來方部長和廠辦主任有隔閡。方部長認為，小王已經是廠辦主任的人了，有點忘恩負義。誤會發生在一次下雨，中階主管開會，小王拿著雨傘去接主管，只發現雨中的廠辦主任，卻沒看見站在門口躲雨的方部長，這雨中送傘就送出誤會來了。

盛怒之下，方部長對信任的人說，他當初看錯人了，沒想到小王是一個勢利小人，見利忘義。過了不久，話傳到小王的耳裡，他才意識到已經被誤解，問題嚴重。

怎麼辦呢？小王感到十分為難。

經過反覆思考，小王決定這樣處理。

每當有人說起自己與方部長的關係時，他總是實事求是地否認兩個人之間有矛盾。這樣做一方面向方部長展現自己的人品；另一方面可以制止誤解繼續擴大，利於緩和與方部長的關係。

小王和方部長在工作中經常互動，他總是先向部長問好，不管對方理與不理，臉上總是笑嘻嘻的。遇到工作上的飯局，一起招待客人，小王總

是斟滿酒杯，當著客人的面向方部長敬酒，並公開說是方部長培養和提拔自己，自己才有了今天的成就。小王的感激與態度，不僅是對客人的說明，更是肺腑之言，表達了自己並非忘恩負義的小人，最後，方部長終於和小王和好如初。

在多個主管手下工作，如果不注意自己的言行，說不定會在不經意中得罪某位主管。假如是主管誤解了你，你就要想辦法消除誤解。不然的話，會不利於你的工作。消除主管的誤解，要從以下六個方面努力。

- **極力掩蓋矛盾**：如果主管誤解了你，與你產生了矛盾，你在其他同事或主管面前，要盡力掩蓋這件事，不要讓所有的人都知道你與某個主管有矛盾，以免他們把這件事搞得沸沸揚揚，使事態擴大化。

- **在公開場合注意尊重主管**：即使主管誤解了你，在公開場合仍要尊重他。見面要主動打招呼，不管他的反應如何，你都要微笑著和他講話，使他意識到你對他的尊重。這樣，他對你的誤解便會慢慢消除。

- **背後注重褒揚主管**：雖然主管的誤解使你不舒服，但為了處理好與他的關係，在背後不應講他的不是，而應經常在背地裡對別人說他的好話。這樣可以透過別人之嘴替自己表明真心。假若對方知道了你背地裡褒揚他，更利於誤解的消除。

- **主管遇到困難的時候伸出援手**：誰都有遇到困難的時候，如果此時你不是隔岸觀火，看主管的笑話，而是挺身而出，使他擺脫困難，一定會令他大為感動的。

- **看準機會盡釋前嫌**：待主管對自己慢慢有了好感之後，可以找一個合適的機會，請教主管在哪些方面對自己有誤會。弄清了主管誤解的原因後，你可以耐心地向他解釋，證明你並不是有意的。只要你是坦誠的，主管不會不接受你的解釋。

- **經常加強感情交流**：誤解消除後，並不是就萬事大吉了。如果剛消除掉主管的誤解，你對主管的態度就變得不冷不熱，會使主管認為你仍是在欺騙他，反而更加深了他對你的誤解。這時，你不能掉以輕心，而應趁熱打鐵，經常與主管進行互動，培養你們之間的友誼。

▎不要捲入派別之爭

上司和上司之間，頂頭上司和間接上司之間，上司和下屬之間，有些工作上的矛盾是正常現象。如果你在這些矛盾衝突中只對一方負責，就未免患了「近視眼」，這是典型的「短期行為」。在古代封建社會，有「一損俱損，一榮俱榮」之說，這種情況如果發生在今天，也是正常的，但是，應注意的是，如果你陷於一種矛盾漩渦中不能自拔，不能妥善地、兼顧地去處理各種關係，而是「剃頭挑子一頭熱」，那麼一旦情況發生了變化，你就會失去了自己的優點。

那麼，究竟怎樣與互相有矛盾的主管相處呢？

▶ 不偏不倚，做到「等距外交」

「等距外交」的意思是指無論在工作上或生活上，你與所有的上級主管大致保持等距，大都處於關係的均衡狀態。做到這一點其實也並不難，只要你能按照以下幾方面要求去做就可以了。

第一，公平客觀思考。如果你認為哪個主管重要，而哪個主管不重要，或者說你喜歡某個主管，而不喜歡另一個主管，必然會在你的言行中表現出來，你就不可能實現等距外交。所以，為了實現等距外交，要從工作出發、從大局考慮、從發展著眼，努力與不同水準、不同風格的上司維持好關係。

第二，對每個主管在工作上同樣服從、配合、積極合作。只要工作是有利於事業發展的，就應該服從指揮、積極配合，絕不可因人而異，意氣用事。在工作中有時看到，少數人因對某位主管不滿，拿工作出氣，甚至故意拆臺，看笑話，這是非常錯誤的。無論做任何事情，都應該著眼大方向，把握好大前提，不可用感情、偏見對抗理智，對上司親疏有別，這實際上也是心理不成熟的表現。即使那些與你關係好的上司，也會對你這種做法不滿意，影響對你的看法和評價，結果則是使自己陷入被動的局面。

　　第三，對每個主管在態度上同樣尊重、友好、不卑不亢。尊重主管，是下屬應有的禮貌；主動友好相處，是與人為善的表示；待人接物不卑不亢，才能保持自己的人格和自尊。一般說來，人們對自己喜愛的上司，能夠自然而然地做到這些。而對自己反感的上司，則往往拿捏不好自己的情緒，表現出冷漠、無禮、抗上等行為。其結果往往是，你會受到這位上司同樣的對待。在這種情況下，吃虧的大多是下屬。所以說，要善於控制自己的情感狀態，不以個人的喜惡作為評價上司的標準，對所有的上司都努力做到以禮相待。這樣一來，你大都可以得到相同的回報。

　　第四，不越級越位請示、彙報工作。管理是分層級、分權、又分領域的。下級人員請示、彙報工作，屬於誰管就找誰，不可隨意繞開直接負責的上司去找更上層的主管。當然，如果直接負責的上司不能盡職盡責，甚至怠忽職守，給工作帶來了危害，在這種不得已的情況下，可以繞開他去找負責整體監督的上級主管，一般情況下，則不要採取這種做法，會使得他很為難，而直接負責的上司知道後，不僅會影響他們之間的關係，你以後的工作也就更無所適從了。所以說，應該善於權衡利弊，盡量爭取直接負責的上司的支持。

▶ 正確對待主管間的矛盾

　　主管之間在工作上出現各式各樣的矛盾和衝突，這也不足為奇，但作下屬的可就難做人了。有時你和這位主管親密一點，又怕惹惱了另一位主管；你要與另一位主管接觸多一點，又怕得罪這一位，總之，這種狀況使得下屬左右為難。特別是那些在工作中不得不經常與主管打交道的人，更是不便開展工作，在這種情況下，要不要保持中立的態度，從而盡量做到左右逢源，兩邊都不得罪呢？

　　一般而言，採取中立的態度是可取的。也就是說，進行一種等距離的工作方式，跟誰都不過分親密。或者說，完全從一種純工作的角度著想，沒事盡量少與主管們打交道，特別要注意不讓其中一個主管認為你是另一個主管的人。

　　但是，在現實的工作中，想要完全採取這樣一種純粹中立的工作方式往往是比較困難的。這裡有這樣幾種情況：其一，可能你過去就與某一位主管關係比較好，來往也比較多。後來，新的主管來了之後，與這位主管發生了矛盾。此時，如果你還是採取一種中立的態度，在客觀上等於是與原主管疏遠了。這樣，他很可能會認為你是不值得信任的，從而對你產生種種看法。其二，有些主管在彼此發生衝突的情況下，都想拉攏一些人，建立自己的隊伍，他往往會在周圍的人中間選擇他認為信得過的人。當他找到你的時候，你又以一種中間人的態度對待他，由此也可能會產生不好的後果。其三，兩邊不得罪，卻往往會形成兩邊都得罪的結果。特別是在一些有直接利害衝突的事情上，你如果完全採取 —— 種與我無關的態度，實際上等於是放棄了機會，也使得主管們都不喜歡你。

　　究竟怎麼辦才合適呢？最好的方式是一切從工作出發，該怎麼樣就怎麼樣。為了工作，應該多與誰接觸，就毫無顧忌地來往，不必擔心另一位

主管的看法。這樣，你的所作所為便顯得自然大方。另外，工作之外盡可能少接觸主管，與工作無關的話題避免多說。

忌目無上司

通常在下屬中的某些出類拔萃者或者功高震主者，他們有恃無恐，比較容易犯這類錯誤；還有一些嬌生慣養、目無尊長的人，他們心浮氣躁，也容易犯這類錯誤。但是，如果你恃才傲物，或者頂撞上司，當你的行為直接有損上司的形象時，那你就成了一個蔑視上司的人，一旦上司對你心生厭惡，那麼你的處境就不妙了。此類的教訓，古往今來有很多，三國時代曹操與楊修的故事，就是一個典型的例子。

恃才傲物是下屬目無上司的一個表現。

胡先生是某大公司研發部的主管，具有優秀的專業知識與工作能力，於 2000 年年初被委派籌建一個子公司，擔任經理的職務。

胡先生走馬上任後，披星戴月、雷厲風行、不辭勞苦，將籌建公司的大大小小事情在三個月內處理好。三個月後，公司正式開始營運。

胡先生籌建的公司營運最初兩三個月十分艱難。為了拓展客戶範圍，胡先生親自帶隊，一間間公司地拜訪，常常今天臺北、明天高雄的跑，幾乎沒有休假。三個月後，胡先生所負責的公司逐漸營利，而後利潤以每月 20% 遞增。

到 2000 年年底，胡先生所負責的公司已經非常昌盛：從業人員從 10 人增加到 60 人，固定資產從最初的 80 萬元擴展到 1,000 萬元。

隨著胡先生的成功，榮譽接踵而來。胡先生的上司 —— 研發部的部長李先生，在正式或私下場合，總是把胡先生的業績，歸功到自己身上，認為是自己的領導有方。

　　胡先生對李先生的行為深惡痛絕，逢人便講李先生的無德與無能。

　　2003 年 8 月中旬，在一次例行的稅務檢查中，檢查部門發現胡先生負責的公司有一筆漏稅行為，並通知補稅交款。這件事本來只屬於工作疏忽，性質不算嚴重。但李先生卻死抓住這一點，小題大做，與總公司高階主管打小報告，控訴胡先生嚴重影響了總公司的聲譽，應該引咎辭職。

　　高階主管雖然憐愛胡先生的才能，但考慮到子公司的工作均已上正軌，便宣布將胡先生調回研發部。

　　頂撞上司是下屬目無上司的一個表現。「人生不如意事常八九」。生活中常會有這樣的情形：工作了一段時間，你發現你的上司很不如你的意，很彆扭。雖說是擇優而仕，可你卻沒有「跳槽」的機會，或因為制度等等方面的原因使你不能「跳槽」，怎麼辦呢？

　　有些人採取的辦法是：向上司「挑釁」！但不知這些人想過沒有，如果過於計較一些小的得失，就可能導致全盤失敗，特別看重眼前利益就可能導致更大的損失。

　　當你不得不留在一個團體中時，就必須學會忍耐不合心意的主管，不要以卵擊石。

　　另外，與上司爭功諉過也是下屬目無上司的一種表現。

　　老子有這樣一句話：「大巧若拙，大辯若訥」。意思是聰明的人，平時卻像個呆子，雖然能言善辯，卻好像不會說話一樣，也就是說人要匿壯顯弱，大智若愚。

　　生活中嫉賢妒能的主管很多，他們不能容忍下屬超過自己，他們必須保持自己在團體中的權威地位，即使他水準很低，就像武大郎一樣，在武氏的店中不能有高大身材的員工。華君武的漫畫《武大郎開店》，諷刺的就是這樣的主管。

生活中總有這些人，他們對平庸的上司十分不滿，怨天尤人，就是好的上司，他也常感不舒服，叛逆心理很重。下屬的獎勵，他會看作是拉攏人心，上司禁止的事情，他偏要做。

要創造和諧的與上司之間的關係，就該去掉你的反骨！切記：槍打出頭鳥！

▌謹防越位行事

越位是足球比賽的一個專用術語。在千變萬化的職場生涯中，上班族也應對越位有一個明確的了解與認識。

一般來說，下屬在與上司的相處過程中，其行為與語言超越了自己的位置，就叫越位。下屬的越位分為：決策越位、角色越位、流程越位、工作越位、表態越位、場合越位以及語氣越位。

處於不同層級的員工的決策權是不一樣的，有些決策是下屬可以做出的，有些決策必須由主管做出。如果下屬按自己的意願去做必須應由主管決策的工作，這就是決策越位。

羅先生是某廠分管生產建設的副廠長，而吳女士是基建科的科長，該廠準備建一座新廠房，需從兩設計公司中選擇一家設計公司來設計該廠房。依照廠裡的工作流程，應由羅副廠長帶頭共同確定設計公司後，再由基建科長吳女士具體執行，但甲設計公司透過熟人找到吳女士後，希望能夠承擔該工程的設計，吳女士為了討好設計公司，表示她本人同意由甲公司設計，但需羅副廠長也持同樣意見。甲設計公司主管為了給曾是自己學生的羅副廠長一些壓力，就將吳女士的話告訴給羅副廠長。羅副廠長雖然本來也同意由甲公司設計該廠房，但對吳女士這種變相的決策越位做法十分不滿，從此對基建科長吳女士心存不滿。

有些場合，如宴會、應酬接待，上司和下屬在一起，不宜喧賓奪主，如果下屬張羅過歡，過度炫耀自己，就是角色越位。

胡女士是一位不善言談、性格內向的企業家，而她的祕書李小姐則是一位相貌出眾、談吐幽默且口才極佳的女強人。在胡女士的創業過程中，李小姐曾立下汗馬功勞，可以說，沒有李小姐，就沒有胡女士今天的成就。但當胡女士和她的祕書李小姐在一起的時候，周圍的人都為李小姐的容貌和才華傾倒，因此互動都以李小姐為核心，反而把胡女士當成李小姐的陪襯。在創業時，胡女士對這種現象只能忍受，但在事業有成的今天，胡女士已經忍無可忍，最終兩人反目成仇。

有些既定的方針，在上司尚未授意發布消息之前，下屬如果搶先透露消息，就是流程越位。

趙先生是某縣長的祕書，該縣機關幼稚園欲購置一批電子琴，請縣長特批一筆經費，經縣長辦公室研究，同意撥款。但在趙先生和幼稚園園長的一次私人聚會上，趙先生把縣長同意撥款的消息先透露給園長。園長知道消息後打電話給縣長，對縣機關的關心和支持表示感謝。縣長接完電話後對祕書的做法十分不滿，認為祕書沒經主管同意就對園長透露消息的做法有搶功之嫌，並覺得此人不可重用。

有些工作必須由上司做，有些工作必須由下屬做，這是上司與下屬的不同角色。如果有些下屬為了突顯自己的能力，或出於對上司的關心，做了一些本應由上司做的工作，就是工作越位。

處長白先生在兩年前因捨己救人的事蹟而廣受讚揚，並因此被升遷為他在能力並無法勝任的局長職位，而副局長小王則是一位精明優秀、做事果斷、為人熱心的年輕人。小王看到老白工作起來十分吃力，協助做了很多本應由老白承擔的工作。一開始，老白對小王十分感謝。但隨著時間的

推移，不管是上級主管還是下屬，都覺得小王比老吳更能勝任局長的工作。老白心裡也有察覺，對小王開始不滿起來。覺得如果讓小王頂替自己的局長位置，將會很沒面子，加上小王對此種現象又沒有採取積極主動的解決辦法。老白為了保住自己的局長位置，就將小王調至一個偏僻的地區，美其名曰：「增加工作經驗。」

表態是人們對某件事情或問題的回答，它是與人的身分相關聯的，如果超越自己的身分，胡亂表態，不僅表態無效，而且會喧賓奪主，使主管和下屬都陷於被動。

某公司超額完成了年度計畫利潤，公司主管為了鼓勵大家的積極進取，給每個人分發 30,000 元的獎金，但按規定，需經人事薪酬部門批准。經理考慮到此獎金標準大大高於其他同事的獎金，人事科科長不一定能夠批准。因此就在出差開會之時，直接找到和自己關係不錯的祕書長，祕書長回應公司經理，此獎金可以發，但要等人事科科長出差回來之後再辦理手續。人事科科長出差回來後，感到十分為難，如果不批准，將會影響公司員工的積極性，並引起公司員工對自己的不滿；如果批准，將會影響其他同事的積極性。人事科科長只好把情況向上級主管彙報，上級主管雖然採取了折衷的辦法，但祕書長卻很難消除自己在科長眼中所留下的壞印象。

有些場合，上司不希望下屬在場，下屬一定要了解上司的暗示，否則就會造成場合越位。

朱博士剛分配到某局辦公室擔任主任，和局長在同一個辦公室工作。朱博士發現走出校園之後，有很多課本之外的東西需要學習，而局長正是一個最好的老師。局長的談吐、言行舉止、才智，正是朱博士學習的榜樣。朱博士想方設法和局長多相處。有時，局長向朱博士暗示他需要與客人單獨談話，但朱博士還是沒有離開的意思，讓局長左右為難。有一次，

朱博士一位現任某外資公司總裁的大學同學要和局長進行高層決策的密談，礙於對大學同學的情面，不得不象徵性地邀請朱博士和局長一起用餐。沒想到朱博士真的跟他們一起去用餐，影響了談判的進度。後來局長伺機把朱博士調出辦公室，打入冷宮。

在和上司相處過程中，下屬如果不重視上司的社會角色，在對外交往過程中，說話太過隨便，往往容易造成語氣越位。

小肖大學畢業後到某公司從事行政工作，公司經理是一個性格開朗、不拘小節並容易和大家打成一片的年輕主管。平時大家在一起，相處得十分融洽。分不出誰是經理誰是職員。但是當公司對外談判時，小肖還像平時一樣，拍著經理的肩膀，大咧咧地說：「老兄，今天去麥當勞還是肯德基？不用怕，我來買單！」這就是不當的語氣越位。

▎好的人緣會種下善的果實

十年修得同船渡，能夠有幸成為同事，緣分之深是不言自明的。

不管是職員還是主管，在單位中，都同時扮演著同事的角色。同事間的交往，恐怕僅次於家庭成員間的交往了。因此，我們說，同事關係是家庭之外最為重要的社會關係，所以，如何與同事共事、相處，對一個人在職場是否順心如意有著舉足輕重的作用。

日本的年輕人有一種習慣，初到一個新環境，第一件事就是向周圍的同事、同學作自我介紹，然後說請大家多多關照，表示了一種希望得到信任和幫助的願望。

在工作中表現出的人與人的關係是一種相互依存的關係，因為大家的事業是共同的，必須依靠合作才能完成。而合作又需要氣氛上的和諧一致。情感上互不相容，氣氛上彆扭緊張，都不可能協調一致地工作。

第三章 關係左右逢源

　　每個人都有著自己的個性、愛好、追求和生活方式，因環境、修養、教育水準、生活經歷等區別，不可能也不必要求每個人處處都與他所處的團體合拍。但是誰都懂得，任何一項事業的成功，都不可能僅依靠一個人的力量，誰也不願意成為團體中的破壞因素，被別人嫌棄而「孤軍作戰」，這就是共同點。一個有修養的、團體感強的人，是能夠利用這一共同點，以自己的情緒、語言、得體的舉止和善意的態度去感染、吸引或幫助別人，使人與人之間的關係更融洽。

　　與人為善、平等尊重，是與同爭友好相處的基礎，應該主動熱情地與同事接近，表示一種願意與人交往的願望。如果沒有這種表示，別人可能會以為你希望獨處，不敢來打擾你。切忌不要顯出孤芳自賞、自詡清高的態度，使人產生你高人一等的感覺。不平等的態度永遠不會贏得友誼。

　　言談舉止也是非常重要的。談話應選擇同事感興趣、聽了愉快的話題，使人覺得你是個談得攏的朋友，只有讓人從你的言談中得到樂趣，同事才會願意與你交談。

　　任何人和任何事情都不可能盡善盡美、盡如人意，善於發現同事的長處，認知到大多數人都是通情達理的，會使自己以寬容的態度與同事相處。誰都會有不順心的時候，善於克制自己的情緒，約束自己的行為，在別人產生消極行為和不良情緒時又能予以諒解，這正是一種有教養的表現，它會使人處處感到你友好的願望。

　　其實，能否與同事友好相處，主要取決於自己。美國出版的《成功的座右銘》一書介紹，經過研究顯示，一種真正以友誼待人的態度，60％~90％的高比率是可以引起對方友誼的應的。負責此項研究的亨利博士說：「愛產生愛，恨產生恨，這句話大致是不會錯的。」

　　既為同事，就必然要合力謀事，長期相處。無論是在工作還是生活

中，誰都會遇到溝溝坎坎，所以，能幫人處且幫人，當同事遇到困難尋求幫助時，不妨伸出熱情的雙手，真誠地助人一臂之力，在不知不覺中為自己存下一份善果。

李翔與趙兵同時進入某機關，兩個人同樣有優秀的工作能力，無論上司交給他們什麼任務，他們都能非常完美地完成。為此，兩人經常受到上司的表揚。但是，在同事之中，他們卻有不同的地方：大家都喜歡李翔，有什麼事總是找他幫忙。而李翔也的確為大家做了許多事，因為他待人謙遜又有能力，與大家非常合得來；而趙兵則不同，雖然他也能處理許多事，但大家都有意無意地疏遠他，有什麼事也不會找他幫忙，因為趙兵這個人個性高傲，喜歡離群獨居。

趙兵也意識到了這種差別，但他並不想改變這種狀態，他認為這樣很好。無論同事們怎麼對自己，上司還是喜歡自己的，有上司撐腰，他覺得不應該在「瑣事」上顧慮太多。況且這樣也不錯，他可以按照自己的個性安排一切，不會受別人不必要的影響。最重要的，從心而論，趙兵有點瞧不起李翔。趙兵認為李翔那種謙虛態度十分虛偽，是一種做作的表現。當然，趙兵並沒有把自己這種感覺表現出來，他認為無論李翔怎麼做，都是人家自己的事，不應該干涉他。可見，趙兵也是具有一定容人之量的，但可惜他沒有表現出來。

就在趙兵按照自己的個性生活的時候，上司說高層有指示，要在他們之中選一名行銷部長。而且這次有明確指示，一定要由同事投票選舉，任何主管不得從中作梗。面對這樣一個好機會，趙兵從心底認為自己應該能升遷，因為他不但喜歡這份工作，而且文筆不錯，經常在報紙上投稿，絕對不會辜負上司的厚望。但是，聽說這次不是上司任命，而是由同事直接選舉，他的心真的有些涼了。他明白單靠自己的「人緣」，絕對不是李翔

第三章　關係左右逢源

的對手，況且李翔在宣傳手法上也有其獨到的能力。趙兵認知到了這種差距，但他不是一個小肚雞腸的人，即使他明白自己有所不足，也要進行一場公平競爭。

結果正如他所預料，李翔幾乎以全票贏得這個職位。其實要是趙兵去擔任，工作一樣能做好，甚至可能會更好。一個本來平等的機會，卻由於兩者個性不同而導致巨大的偏差。這個教訓值得每一個人仔細思索。

對於協調與同事的關係，有的人馬馬虎虎，以為同事之間無所謂，大可不必左右逢源，協調四鄰；而有的人則極為看重，在同事中間拉幫結夥，並極力找主管做靠山，形成自己的勢力，以為憑此就能高枕無憂。其實，他們都錯了。在同事之間協調關係，同樣不能粗心大意。其中的功利關係自不必說，只一個「人緣」問題就可能把你拖垮。可見，對待同事既不能漠不關心，不聞不問，更不能拉幫結夥，因為那樣只能害了自己。要想有一群適合自己開展活動的好同事，就必須真心幫助他們，在謙和中充分展露自己的個性。

事事為大家著想，處處關心他人，這樣做在平時並不顯眼，而且似乎還處於一種被動地位，所以有些人就是不願意「做」。從李翔的例子來看，那些人未免太短見了。像李翔這樣的人才稱得上「真正聰明的人」，在平時就已經為自己日後的發達打下了基礎，到時候只要有機會，就可以水到渠成了。你要把好事做在明處，大家的眼睛是雪亮的，不會有人視而不見的。即使真有人「視力」差，那也不煩惱找不到證人。況且你這樣做本來就已博得了大家的好感。只要你在單位裡有了人氣，人緣好，就等於鋪平了發展的道路。

▌同事相處黃金法則

與同事相處並沒有太多的繁文縟節，但也不能大大咧咧地隨心所欲。要知道，得到一個同事的認可也許要用數年的時間，而失去一個同事的幫襯卻不用一天。下面是同事之間相處的黃金法則。

▶ 寒暄、招呼作用大

和同事在一起，工作上要配合默契，生活上要互相幫助，就要注意從多方面培養感情，製造和諧融洽的氣氛，而同事之間的寒暄有利於製造這種氣氛。比如，早上上班見面時微笑著說聲「早安」，下班時打個招呼，道聲「再見」等等，這對培養和製造同事之間親善友好的氣氛是很有益處的。另外，外出公差或工作時間要離開位置處理急事，也最好和同事通個氣，打個招呼，這樣如果有人找時，同事就可告訴你的去向。如果來了急事要處理，同事也好幫助料理。寒暄、招呼看起來微不足道，但實際上它又是一個體現同事之間相互尊重、禮貌、友好的大問題。

▶ 共事合作不能「挑肥揀瘦」

與同事們一起共同合作，切莫「挑肥揀瘦」，把吃力不討好、利少難辦的推給別人；而輕鬆舒服、有利可圖的工作留給自己；同事們努力工作，你卻暗地裡投機取巧。這樣他們就會覺得你奸猾、不可靠，不願與你合作共事。同事之間只有同心協力，不斤斤計較，並肩作戰，才能共謀大業，共同發展。

▶ 共事合作要有誠心

俗話說「人心齊，泰山移」，與同事共事一定要講誠信，互相信任，互相支援，互相幫助。在同事面前莫耍花招，要說一不二。如果共事時貌

合神離，心懷鬼胎，該出手相助，卻偏偏袖手旁觀，甚至要手段坑害同事，時間一長，必然會被識破，失去同事的信任，最後成為孤家寡人，一事無成。

▶ 同事面前不要吹牛

同事之間能力大小總會有差異，如同十個手指有長短一樣。如果你才華出眾，能力強，做事效率高，在同事面前不要自高自大，盛氣凌人。對於能力稍差的同事不屑一顧，只能招致他人的反感和牴觸，因而失去與更多同事的合作機會，失道寡助，最後把自己置於孤立無援的境地。

▶ 取得佳績不要炫耀

工作中取得了成績，心情感到喜悅和高興，這是人之常情，但千萬不可在同事面前炫耀賣弄。過多談論自己的成績、功勞，就會使同事感到有抬高和顯示自己，輕視或貶低他人之嫌。因為自吹自擂者，要誇的自己都誇了，別人還有什麼可說的呢？要講的也只有對你的「反感」了。

▶ 不要苛求和挑剔同事

每一個人都會有自己的缺點和不足，與自己相處的同事也是一樣，工作和生活中總會出現一些過失、缺點，甚至錯誤，這是在所難免的。對於同事的過失和一些錯誤，要善於體諒和寬容。

人非聖賢，孰能無過？對於同事的過失和不足，只要不是原則問題，只要不影響大局和全域，除進行友善的幫助和提醒之外，更重要的是採取寬容和大度的態度去原諒別人，只有這樣才能贏得同事的友好和精誠合作。如果採取苛刻和挑剔的態度對待同事，那麼同事在你眼中一切都不會如意。同樣地，同事也不會與你同心、同德來共事。

▶ 及時消除誤解和隔閡

同事們長期在一起共事，接觸的機會多，發生分歧和摩擦的因素也會多。比如：做工作計畫時意見有分歧；評先進時同事的觀點不統一；對他人的優缺點評價不中肯等等。有些矛盾是自覺造成的，也有些摩擦和隔閡是不自覺造成的。因此說，同事中出現一些誤解和隔閡是難免的，也是正常的。這些誤解和隔閡的存在並不可怕，問題的關鍵是要及時消除誤解和隔閡，不讓矛盾和摩擦繼續發展和惡化。是誤解的要及時說明和解釋，如不便說明或解釋不清的，最好請其他同事幫助。如果自己確有過錯，就要及時賠禮道歉，賠償損失，求得同事諒解。對於同事的過錯，能諒解的盡量採取寬容態度。實在想不通的，也不要放在心裡慪氣，乾脆開誠布公地找同事談談，只要注意說話誠懇，態度和善，事理充分，相信別人還是能夠接受你的意見的。如果對同事中產生的誤解和隔閡不及時消除，讓其積壓成怨，以後矛盾就難以解決了。當然，同事之間也就不好合作共事了。

▶ 不搬弄是非

和同事相處不搬弄是非，這一點也是很重要的。比如有的人在老李的面前講老張的不是，在老張的面前又講老李的不是；還有的人喜歡道聽塗說，傳小道消息。這樣一來，同事間就會糾葛不斷，風波迭起。因此同事之間要相安共處，就不要搬弄是非，不該問的不去問，不該說的不去說。不要對一些同事論長道短，也不要對不清楚的事亂發表看法，要加強品德修養。一個人應該養成在背地裡多誇讚別人的好處，少講或不講別人壞處的習慣。

▶ 關心同事，樂於助人

在生活和工作中誰不會遇到一些波折和困難呢？和同事相處，切忌「萬事不求人」、「萬事不助人」的錯誤想法。俗話說：「天有不測風雲，人有旦夕禍福」，誰能保證自己一生不會遇到意外和不幸呢？顯然不能。如果你遇到意外的打擊，同事對此不聞不問，本可以幫助你解脫困境而不予幫助，可以使你免受痛苦而不幫助你解脫，你會怎樣想呢？因此，同事之間要相互關心，相互幫助，特別是在同事危難之時，要伸出援助之手，扶助一把。比如，同事有病，身體不好，工作上盡量照顧一些；同事家裡發生了不幸，要給予精神上的慰問和物質上的接濟等等。

▍學會察言觀色

出門看天色，進屋看臉色。如果要讓對方同意自己的想法，更是要看看對方的臉色，再選擇合適的表達方法。所以，看人臉色說話與做事的人沒什麼不對，反而那些從來不去管別人感覺的人，才需要好好反省一下。

一個擅長察言觀色的人，一定善解人意，機靈乖巧。能了解對方在想什麼？需要什麼？什麼事情都逃不過他的眼睛。這是一種天賦，有些人天生就比較敏感，能很容易地看出別人的情緒反應。擁有這種知己知彼的能力，做起事情來就容易百戰百勝。所以這是一種溝通上的優勢，有這種優勢，溝通時就輕鬆多了。

初入職場的年輕人，學會察言觀色，可以洞察先機，知道對方的想法。就算察覺對方有不同的意見，心裡也有數，可以在心裡有所準備，事先化解。還可以針對別人的反應，妥善安排自己的進退應對。

依照對方的反應，適時給予鼓勵讚美，把話在適當時機剛好說進對方的心坎裡。發現對方不悅，即時剎車，避免溝通惡化，見風轉舵隨機應

變，事情就不會搞砸了。隨時留心對方的臉色，適可而止地指責，讓對方有個臺階下。這樣子的溝通，一切都掌握在自己的手中，還能不順暢嗎？

察言觀色其實也是可以學習的，怎麼學呢？

- 和別人說話的時候，要慢半拍，仔細看看對方的表情，判斷一下自己的這句話會引起什麼反應。
- 看電影或電視劇的時候，不要只關心「後來的結局怎麼啦？」觀察一下不同角色演員的表情，由這些表情去捉摸代表什麼情緒反應。
- 觀察周邊人的面部和肢體反應。例如去菜市場，在小販和客人之間，可以觀察出不同的心理狀況。
- 有時做個小測驗，先觀察朋友、同學或同事的表情，再問問他：「今天你一定有不如意的事，對不對？」或是「一定發生了什麼讓你不開心的事！」
- 觀察電視畫面上政治人物處理情緒的方法，高明的政治人物，往往比較擅長處理突發情況。但是仔細觀察，還是有些小細節會顯露出他們的情緒。比如說，遇到突發性的尖銳問題，臉部表情雖然維持原狀，但是手指頭，或是雙腳不由自主地現出了原形。如果你注意到了，你也學會了察言觀色的本領了。

▌給同事一些讚美

不單對上司要學會讚美，對同事的讚美也是一種獲得良好關係的手段。有一回，在公司的會議上，有一個同事提了一個報告，他的報告平凡無奇，現場也沒得到任何掌聲，散會後，小戴和這位同事在廁所相遇，他對那位同事說：「你剛才的報告很好，簡明扼要，我很欣賞你！」

這位同事本來就不指望自己的報告得到誰的注意，但小戴的幾句話，

卻讓他心情愉快了一天。

　　每個與小戴相識的人，都會很快與他建立友誼。小戴也常對同事表示他的欣賞，碰到男孩子穿了新衣服，他會不經意地說：「哦，真帥！」碰到女孩子換了新髮型，他也會故意睜大眼睛說：「原來是你，我以為是哪個美女來了！」

　　不管他的欣賞是真心話還是客氣，但有一點可以肯定，就是每個人聽了他對自己讚美的話，都會笑顏逐開！讚美不但讓別人高興，也讓自己獲得了無數的友誼和協助，大家受了他的讚美，好像都對他有所虧欠似的！

　　百老匯的一位喜劇演員有一次做了個夢：自己在一個座無虛席的劇院給眾多的觀眾表演 —— 講笑話、唱歌，可全場竟沒有一個人給予的笑聲和掌聲。

　　「即使一個星期能賺 10 萬美元，」他說，「這種生活也如同下地獄一般。」事實上，不只演員需要鼓勵。如果沒有讚揚和鼓勵，任何人都會喪失自信。可以這樣說：每個人都有雙重需要，即被別人稱讚和去稱讚別人，真誠的讚美會使人感動。

　　讚美也是一種藝術，不但需要合適的方式加以表達，而且還要有洞察力和創造性。一位舉止優雅的婦女對一個朋友說：「你今天晚上的演講太精彩了。我情不自禁地想，你當一名律師該會是多麼出色。」這位朋友聽了這意想不到的評語後，像小學生似的紅了臉。

　　沒有人會不被真心誠意的讚賞所感動。耶魯大學某位著名的教授經歷過這樣一件事：有一年夏天，天氣又悶又熱。他走進擁擠的餐車去吃午飯，在服務生遞給他菜單的時候，他說：「今天那些在爐子邊燒菜的年輕人一定是夠受的了。」那位服務生聽了後吃驚地看著他說：「來這裡用餐的人不是抱怨這裡的食物，就是指責這裡的服務，要不就是因為車廂內悶熱而大發牢騷。19 年來，你是第一個對我們表示同情的人。」

教授得出結論說：「人們所需要的，是一點身為人應享有的讚美。」

你一定要善用讚美的魔力，它可以改善、潤滑你的人際關係，讓你到處受歡迎。

怎麼讚美呢？還是有一些訣竅的。

首先，讚美要自然、順勢，不必刻意為之，太刻意會顯得另有所圖，可能對方不領情，反而弄巧成拙！

此外，也不必用大嗓門讚美，這反而變成酸葡萄，有挖苦的味道了！最好是私下向對方表示你的看法，這種表示方法也比較容易造成雙方情感的共鳴！

其次，讚美要看對象，像愛漂亮的女孩子你就讚美她的打扮。有小孩的母親，最好讚美她的小孩，慈母眼中無醜兒，讚美她的小孩聰明可愛準沒錯！工作型的女孩子除了外表之外，也可讚美她的工作績效！至於男人，最好從工作下手，你可稱讚他的腦力、耐力。

另外，用語不要太肉麻，能表達你的意思就可以了，而且也不宜太誇張，太誇張也會成為挖苦。一般來說，不錯、很好、我喜歡之類的用詞就夠了！

最後，多讚美小人物，當他們有一點小表現，讚美他們兩句，你一定能夠收買他們的心，因為他們平常欠缺的就是讚美！

▌防人之心不可無

《增廣賢文》中有句話：「害人之心不可有，防人之心不可無。」用現代人的觀點來看，恐怕可以這樣來理解：人人在其工作、謀生的圈子裡都有可能遇到種種「陷阱」，而這些「陷阱」足以挫敗人的成功熱情。特別是在某些行業，明裡拉幫結派、互幫互助，暗地裡互相拆臺，使絆子的現

象此起彼伏。雖然我們未必會，去做設「陷阱」的人，但是如果要做贏家，就必須連別人也考慮進去，以防可能會出現的麻煩。

的確，「害人之心不可有」，因為害人會有法律和道德上的問題，而且也會引發對方的報復；如果你本來是「好人」，害了人反而會引起良心上的愧疚，實際上對自已的傷害更大。然而，在社會上光是不害人還不夠，還得有防人之心。尤其在同事之間存在著競爭利害關係，在他想擴張他的欲望，或欲望受到危害的時候，「善人」也會在利害關頭顯示出他的「惡」。例如有人為了升遷，不惜設下圈套打擊其他競爭者；有人為了生存，不惜在利害關頭出賣朋友……與同事相處，你要時刻提醒自己：周圍有小人，明槍易躲，暗箭難防。

木秀於林，風必摧之；堆出於岸，水必湍之；行高於人，眾必非之。古往今來，多少仁人智士，因其才能出眾，技藝超群，行為脫俗，招來別人的嫉妒、誣陷，甚至丟了性命。周公因謗而離朝，韓信遭誹受竹刀。

在某公司的資訊部門，李雲與王亮是很好的朋友。他們是高中同學，後來又進了同一所大學，可謂是「青梅竹馬」了，他們既是同學關係又是同事關係，所以兩人都很珍視這段緣分。後來，局裡要在他們科室選拔一位中階主管，消息傳開後，科室裡的人都聞風而動，希望自己入選。但後來傳出內部消息，高層主管準備從李雲與王亮當中篩選出一位。他們的能力都很突出，尤其是李雲，能力強，為人也不錯。

幾天後結果下來了，令大家吃驚的是，中選的不是李雲，而是王亮。大家想不通是怎麼回事，但王亮心裡很清楚原因。原來，在王亮得知主管選拔是在他與李雲之間進行時，他的私欲就開始膨脹起來，他暗中決定，一定要把李雲排擠掉。他明白，如果公平競爭，自己不是李雲的對手，他只能靠小動作取勝。於是，他四處行動，在上司面前極盡獻媚之能事，除

誇大自己的能力外，還三不五時暗示主管 —— 李雲有許多缺點，他不適
合這份工作。王亮與李雲相處多年，找出一些李雲的缺失毫無困難，此外
王亮又編造了一些很有說服力的證據。在王亮的陰謀陷害下，終於把李雲
排除在主管名單之外。

　　在成為同事之前認識或者是朋友的，當成為同事之後，這種關係是最
不好相處的，因為彼此都知根知底，很容易就可以「揭發」對方。所以處
於競爭中的同事，必須時刻小心提防，特別是對「朋友」更要防一手。如
同李雲的遭遇一樣，他處於一種「防不勝防」的被動而尷尬的境地。其
實，他沒有意識到：只有進攻才是最好的防守，若一味防守，成為受害的
羔羊無疑就是你。

　　也正是鑑於這種情況，所以有許多人即使是再好的朋友，也不願意進
入同一個機關成為同事，尤其是存在利害衝突的同事。朋友好做，只要大
家合得來就行，而這個同事關係的確難處，因為其中充滿了勾心鬥角。做
朋友時有來有往，協調得非常好。當帶著朋友的關係進入同事角色之後，
由於種種原因，相互的心態可能會發生巨大變化，而這種變化只能有一個
結局：那就是損害了以前良好的朋友關係，而這種關係的損害，不是因為
有人精神昇華而產生的，卻是因為對利益的爭奪而形成的，這多少有些叫
人寒心。所以，有許多人寧肯做一輩子與利無爭的朋友，也不會去做利益
豐厚的同事。

　　《孫子兵法‧國形篇》中說：「善守者，藏於九地之下。」意思是說，
善於防守的人，像藏於深不可測的地下一樣，使敵人無形可窺。與同事交
往，也要謹以安身，避免成為別人攻擊的目標。有些人生性喜歡弄權，對
付這種人，千萬別認真，白白讓自己生氣，叫對方暗自得意。碰到這種人
可採用一種以退為進的策略，因為這類人多數是以聲勢取勝，凡事「大聲

疾呼」，誓要將小事擴大。

人心隔肚皮，作為上班族，待人處世時多一個心眼是極有必要的。下面幾條規則，對你防備「不可測」的同事有很大幫助。

▶ 辦公室不可隨便交心

在現實中，正人君子有之，奸佞小人有之；既有坦途，也有暗礁。在複雜的環境下，不注意說話的內容、分寸、方式和對象，往往容易招惹是非，授人以柄，甚至禍從口出。只有安身立命，順應環境，才能改造環境，順利地走上成功之路。因此，說話小心些，為人謹慎些，避開生活的地雷，使自己置身於進可攻、退可守的有利位置，牢牢地掌握人生的主動權，勢必是有益的。況且，一個毫無城府、喋喋不休的人，會顯得淺薄俗氣，缺乏涵養而不受歡迎。西方有句諺語說得好：上帝之所以給人一個嘴巴、兩隻耳朵，就是要人多聽少說。

▶ 孤軍作戰，要注意保存自己

在單位中，同事之間為了各自的利益，往往會互相猜忌，爾虞我詐。身處這種環境，就有如深入敵後孤軍作戰一樣，而孤軍作戰的最高原則就是「保存自己，消滅敵人」。

許多力爭上游的同事，只專注在要將對手打倒，卻不善於保護自己，這是不足取的。一方面要友好競爭，一方面要在眾人的競爭中保護自己，在勢孤力單的情況下，千萬不要露出想向上晉升的樣子，成為眾矢之的。俗話說：「不招人忌是庸才。」但在一個小團體裡，招人忌是蠢材。在積極做事的時候，最好擺出一副「只問耕耘，不問收穫」的超然態度。

▶ 不要替人背黑鍋

在單位裡，做事好壞對錯，很多時候是由上司決定的。遇到自以為是的上司，做下屬的只能唯唯諾諾，甚至有時也要敷衍了事，得過且過。在這樣的環境下，最重要的事情是不要出事，不引起上司的雷霆之怒。但一有差錯，上司為了向他的上司交代，就會抓住一個人做代罪羔羊，即人們常說的「背黑鍋」。

不背黑鍋的方法其實很簡單，最有效的方法就是不冒險、不馬虎，事事有根據，白紙留黑字，即使錯了也有充分理由解釋。

▶ 同事之間避免金錢來往

人們通常有一個壞習慣，向人借來的錢很容易忘掉，借給別人的錢，經常記得牢牢的。因此，在錢的問題上，你必須注意五點：

- 身邊必須多帶些錢。
- 盡量避免向人借錢。
- 借出的錢最好不要記住，借來的錢千萬要記住。
- 假如手頭不方便時，不要參與分攤錢的事。
- 養成有計畫地使用錢的習慣。

▶ 不要在同事面前批評上司

不論多麼值得依賴的同事，當工作與友情無法兼顧的時候，朋友也會變成敵人。在同事面前批評上司，無疑是白白丟把柄給別人。就算聽你傾訴的同事和你肝膽相照，不會做出賣你的事情，但也得小心「隔牆有耳」啊！

▶ 不要馬上安慰被上司當眾責備的同事

當同事在全體同仁面前公開被責備時，他所受到傷害，絕對比一對一挨罵要來得深。被罵的人也一定是怒火中燒，痛恨上司在眾人面前給自己難堪。這種情況下，馬上去安慰他，一定會引起上司的不滿，甚至引火焚身。所以此時說什麼話都不妥當，最好是保持緘默，然後在工作之餘把同事約出去吃頓飯或進行其他的娛樂，轉換一下他的心情。這樣做，既不會引起上司的不快，還可博得同事的信賴。

▶ 切勿自揭底牌

在辦公室內，不論你平時表現得如何親切，也會有人視你為升級的障礙，或無端地被人當成敵對的目標。所謂：「不招人妒是庸才」，所以你也不用把這些不快之事放在心上。同事間能和平相處，自是最好不過，但如果敵意不可避免，便要小心應付，尤其對手是公司的元老時更要留意，因為他的工作能力或許不及你，但對公司的了解，對人事之間的微妙關係，則勝出你許多。在這時最重要的是不要讓他知道太多有關你的資料，包括你的背景、學歷、進修情況，與各部門主管的關係及手上工作的進度等。

讓你的對手知道越少，他越不敢大膽進攻。

不要低估「小人」

一談到「小人」，年輕人第一反應就是面露不屑地說：「瞧不起！」，小人人「小」能量大，千萬不能低估。與小人做事若處理不好，常常會吃虧。

「小人」沒有特別的樣子，臉上也沒寫上「小人」兩字，有些小人甚至還長得既帥又漂亮，有口才也有真才，一副「大將之才」的樣子。不過，小人還是可以從其行為中分辨出來的。

　　實際上，這裡所說的「小人」嚴格的講不一定是「敵人」，更多的情況下他可能是你的「同事」、「同行」等。人都是有點自私的，這種人往往為了自己的利益，以不擇手段的方式、卑躬屈膝的心態、違背道德的方法等做出傷害別人感情的事。

　　整體而言，小人就是那些做事做人不守正道，以不光明的手段來達到利己目的的人，所以他們的言行有以下的特點。

- **造謠生事**：他們的造謠生事都另有目的，並不是以此為樂。
- **挑撥離間**：為達到某種目的，他們可以用離間去挑撥同事間的感情，製造他們之間的不和，好從中取利。
- **阿諛奉承**：這種人雖不一定是小人，但這種人很容易因得上司所寵，而在上司面前說別人的壞話則很有殺傷力。
- **陽奉陰違**：這種行為代表他們這種人的做事風格，因此他對你也可能表裡不一。
- **趨炎附勢**：誰得勢就依附誰，誰失勢就拋棄誰。
- **踩著別人的鮮血前進**：利用你為其開路，而犧牲你他們是不在乎的。
- **落井下石**：你如果不小心掉進井裡，他會往井裡扔幾塊石頭。
- **推卸責任**：明明自己有錯卻死不承認，硬要找個人來背罪。

　　事實上，小人的特點並不只這些，總而言之，凡是不講法、不講情、不講義、不講道德的人都帶有小人的性格。

　　和「小人」相處講究以下幾個原則。

- **不得罪**：一般來說，小人比「君子」敏感，心裡也較為自卑，因此你不要在言語上刺激他們，也不要在利益上得罪他們，尤其不要為了「正義」而去揭發他們，那只會害了你自己！自古以來，君子常常鬥不過小人，因此小人為惡，讓有力量的人去處理吧！

- **保持距離**：別和小人們過度親近，保持淡淡的同事關係就可以了，但也不要太疏遠，好像不把他們放在眼裡似的，否則他們會這樣想：「你有什麼了不起？」於是你就要倒楣了。

- **小心說話**：說些「今天天氣很好」的話就可以了，如果談了別人的隱私，談了某人的不是，或是發了某些牢騷不平，這些話絕對會變成他們興風作浪和要整你時的材料。

- **不要有利益瓜葛**：小人常成群結黨，霸占利益，形成勢力，你千萬不要靠他們來獲得利益，因為你一旦得到利益，他們必會要求相當的回報，甚至黏著你就不放，想脫身都不可能。

- **吃些小虧**：小人有時也會因無心之過而傷害了你，如果是小虧就算了，因為你找他們不但討不到公道，反而會結下更大的仇。

並不是說做到了以上五點，你與同事中的小人們就彼此相安無事，但至少你可以把小人對自己的傷害降至最低。

▌謹防同事排擠你

如果有一天，你發現你的同事突然一改常態，不再對你友好，事事抱著不合作的態度，處處給你設難題刁難你，出你的洋相，看你的笑話，你就得當心了。這些資訊向你傳送了一個重要信號：同事在排擠你。

被同事排擠，必然有其原因。這些原因不外乎以下幾種情況。

1. 近來連連升級，招來同事妒忌，所以群起攻之排擠你。

2. 你剛剛到單位上班，你有著令人羨慕的優越條件，包括高學歷、有背景、相貌出眾，這些都有可能讓同事妒忌。

3. 拍板聘你的人是公司內人人討厭的人物，因此連你也受牽連。

4. 衣著奇特、言談過分、愛出風頭，令同事卻步。

5. 過分討好上司而疏於和同事交往。

6. 妨礙了同事獲取利益，包括晉升、加薪等可以受惠的事。

你的情況如果是屬於1、2項，也很正常，所謂「不招人妒是庸才」，能招人妒忌也不是丟面子的事。其實只要你平日對人的態度和藹親切，同事們不難發覺你是一個老實人，久而久之便會樂於和你交往。另外，你可以培養自己的聊天能力，因為同事們的最大愛好之一就是聊天，透過聊天改變同事對你的態度。

你的情況如果屬於第3項，那便是你本人的不幸，只有等機會向同事表示，自己應徵主要是喜愛這份工作，與聘用你的人無關，與他更不是親戚關係。只要同事了解到你不是「密探」身分，當然會歡迎你的。

你的情況如果是屬於第4、5項，那麼你便要反省一下，因為問題是出在你自己身上，想要讓同事改變看法，只有自己做出改善。平時不要隨便發表驚人的言論，要學會當聽眾，衣著也應切合身分，既要整潔又要不招搖，過分突出的服裝不會為你帶來方便，如果你為了出風頭而身著奇裝異服招搖過市，這會令同事們把你當成敵對的目標。

如果是屬於第6項，你要注意你做事的分寸。升職、加薪、條件改善甚至主管一句口頭表揚都是同事們想獲得的獎勵，爭奪也在所難免，雖然大家非常努力地工作，但彼此心照不宣，誰不想獲得獎勵呢？

▌化解同事之間的矛盾

如果你想在工作中面面俱到，誰也不得罪，誰都說你好，那是不現實的。因此，在工作中與其他同事產生種種衝突和意見是很常見的事，碰到一兩個難於相處的同事也是很正常的。辦公室裡有人勃然大怒，其實這並不是

一件壞事，情緒高昂，表示溝通欲望高亢，同時也是化解矛盾的最好機會。

　　但同事之間儘管有矛盾，仍然是可以來往的。首先，任何同事之間的意見往往都是起源於一些具體的事件，而並不涉及個人的其他方面，事情過去之後，這種衝突和矛盾可能會由於人們思考模式的慣性而延續一段時間，但時間一長，也會逐漸淡忘。所以，不要因為過去的小矛盾而耿耿於懷。只要你大大方方，不把過去的衝突當一回事，對方也會以同樣豁達的態度對待你。

　　其次，即使對方仍對你有一定的歧視，也不妨礙你與他的交往。因為在同事之間的來往中，我們所追求的不是朋友之間的那種友誼和感情，而僅僅是工作，是任務。彼此之間有矛盾沒關係，只求雙方在工作中能合作就行了。由於工作本身涉及雙方的共同利益，彼此間合作如何，事情成功與否，都與雙方有關。如果對方是一個聰明人，他當然會想到這一點，這樣，他也會努力與你合作。如果對方執迷不悟，你不妨在合作中或共事中向他點明這一點，以利於相互之間的合作。

　　因為，你與大多數人的關係都很融洽，所以，你可能會覺得問題不在於你；甚至發現其他人也和他們有過不愉快的經歷，於是，大家都不約而同地將矛頭指向了那個人，所以，你會認為是他造成這種局面的。

　　你們雙方都沒有花時間去進一步了解彼此，也沒有創造機會心平氣和地闡述各自的看法，因而，雙方缺乏對彼此的信任，彼此的關係也就會不斷倒退。怎樣才能夠改變這種局面、改善彼此的關係呢？

　　你不妨嘗試著拋開過去的成見，更積極地對待這些人，至少要像對待其他人一樣對待他們。一開始，他們也許會心存戒意，認為這是個圈套而不予理會。耐心些，沒有問題的，因為將過去的積怨平息的確是件費功夫的事。你要堅持善待他們，一點點地改進，過了一段時間後，表面上的問

題就如同陽光下的水滴蒸發消失了一樣。

　　也許還有深層的問題，他們可能會感覺你曾在某些方面怠慢過他們，也許你曾經忽視了他們提出的一個建議，也許你曾在重要關頭反對過他們，而他們將問題歸結為是你個人的原因；還有可能你曾對他們很挑剔，而恰好他們聽到了你的話，或是聽有一些人轉述了你的話。

　　那麼，你該做些什麼呢？如果任問題存在下去，將是很危險的，它很可能在今後造成更惡劣的後果。最好的方法就是找他們溝通，並確認是否你不經意地做了一些事得罪了他們。當然這要在你做了大量的內部工作，且真誠希望與對方和好後才能這樣行動。

　　他們可能會說，你並沒有得罪他們，而且會反問你為什麼這樣問。你可以心平氣和地解釋一下你的想法，比如你很看重和他們建立良好的工作關係，也許雙方存在誤會等等。如果你的確做了令他們生氣的事，而他們又堅持說你們之間沒有任何問題時，責任就完全在他們那一方了。

　　或許他們會告訴你一些問題，而這些問題或許不是你心目中想的那一個問題，然而，不論他們講什麼，一定要聽他們講完。同時，為了能表示你聽了而且理解了他們講述的話，你可以用你自己的話來重述一遍那些關鍵內容，例如，「也就是說我放棄了那個建議，而你感覺我並沒有經過仔細考慮，所以這件事使你生氣。」現在你了解了癥結所在，而且找到了可以重新建立良好關係的切入點，但是，良好關係的建立應該從道歉開始，你是否善於道歉呢？

　　如果同事的年齡資格比你老，你不要在事情正發生的時候與他對質，除非你肯定自己的理由十分充分。更好的辦法是在你們雙方都冷靜下來後解決，即使在這種情況下，直接地挑明問題和解決問題都不太可能奏效。你可以談一些相關的問題，當然，你可以用你的方式提出問題。如果你確

實做了一些錯事並遭到指責，那麼要重新審視那個問題並要真誠地道歉。類似「這是我的錯」，這種話是可能創造奇蹟的。

美國西部一位牧場的主人因為全家大小被土匪槍殺，因而變賣牧場，天涯尋仇。

家被毀了，這種仇誰都想報。可是當這位牧場主人花了十幾年時間找到兇手時，才發現那兇手已經老邁且百病纏身，躺在床上毫無抵抗能力，他要求牧場主人給他致命的一槍。然而，牧場主人把槍舉起，又頹然放下。

最後，牧場主人沮喪地走出破爛的小木屋，在夕陽照著的大草原中沉思，他喃喃自語：「我放棄一切，虛度十幾寒暑，如今我也老了，報仇，它到底有什麼意義呢……」

讓我們首先來看看一個人要「報仇」所需的投資。

- **精神的投資**：每天計時「報仇」這件事，要花費很多精神，想到切齒處，情緒心神劇烈波動，更有可能影響到身體的健康。
- **財力的投資**：有人為了報仇而扔下一輩子的事業，大有「玉石俱焚」的味道。就算不扔下一輩子的事業，也要花費不少的財力。
- **時間投資**：有些仇不是說報就能報，三年五年，八年十年，甚至二十年四十年都有可能報不成，就算報成了吧！自己也年華老去了。

一個成熟的人、有智慧的人知道輕重，知道什麼東西對他有意義、有價值，「報仇」這件事雖然可消「心頭之恨」，但「心頭之恨」消了，也有可能失去了自己，所以「君子」應嘗試著有仇不報。

也許你認為有仇不報能夠做到，但要愛上自己的對手，實在是件很難做的事，因為絕大部分人看到「對手」都會有滅之而後快的衝動，或環境不允許或沒有能力消滅對方，至少也會保持冷漠的態度，或說說讓對方不舒服的嘲諷話，可見要愛敵人是多麼難。就因為難，所以人的成就才有高

有下，有大有小，也就是說，能當眾擁抱對手的人，他的成就往往比不能愛對手的人高大。

能愛自己對手的人是站在主動的地位，採取主動的人是「制人而不受制於人」。你採取了主動，不只迷惑了對方，使對方搞不清你對他的態度，也迷惑了第三者，搞不清楚你和對方到底是敵是友，甚至還會有誤認你們已「化敵為友」的可能。但是，是敵是友，只有你心裡才明白，但你的主動，卻使對方處於「接招」、「應戰」的被動態勢，如果對方不能也「愛」你，那麼他將得到一個「沒有器量」之類的評語，一經比較，兩人的分量立即有輕重，所以當眾擁抱你的對手，除了可以在某種程度上降低對方對你的敵意之外，也可避免惡化你對對方的敵意。換句話說，要在為敵為友之間留下條灰色地帶，過度極端，反而阻止了自己的去路與退路。

此外，你的行動，也將使對方失去一個再對你進行攻擊的理由，若他不理睬你的擁抱而依舊攻擊你，那麼他必招致他人的譴責。

而最重要的是，愛你的敵人這個行為一旦做了出來，久而久之會成為習慣，讓你與人相處時，能容天下人、天下物，出入無礙，進退自如，這正是成就大事業的本錢。

所以，競技場上比賽開始前，兩人都要握手敬禮或擁抱，比賽後再來一次，這是最常見的「當眾擁抱你的敵人」的一種方式。

人與人之間或許會有不共戴天之仇，但在辦公室裡，這種仇恨一般不至於激化到那種地步。畢竟是同事，都在為著同一家單位工作，只要矛盾還沒有發展到你死我活的地步，總是可以化解的。記住：敵意是一點一點增加的，也可以一點一點消失。有句老話：「冤家宜解不宜結」。在同一家公司就職，低頭不見抬頭見，還是少結冤家比較有利於自己。不過，化解敵意也需要技巧。

第三章 關係左右逢源

▶ 別讓自己高高在上，以免招致嫉妒

嫉妒是基本人性之一，只不過有的人會把嫉妒表現出來，有的人則把嫉妒深埋在心底。

嫉妒是無所不在的，朋友之間、同事之間、兄弟之間、夫妻之間、親子之間，都有嫉妒的存在，而這些嫉妒一旦處理失當，就會形成足以毀滅一個人的烈火。不過，這裡只談朋友、同事之間的嫉妒。

朋友、同事之間嫉妒的產生大都是因為以下情況，例如：「他的條件又不見得比我好，可是卻爬到我上面去了。」「他和我是同班同學，在校成績又不如我好，可是竟然比我有成就，比我有錢！」……換句話說，如果你升了官，受到上司的肯定或獎賞、獲得某種榮譽時，那麼你就有可能被同事中的某一位（或多位）嫉妒。女人的嫉妒會表現在行為上，說些「哼，有什麼了不起」或是「還不是靠拍馬屁爬上去」之類的話，但男人的嫉妒通常埋在心裡，更有甚者則開始跟你作對，表現出不合作的態度。

因此，當你一朝得意時，你應該注意幾件事：

- 同單位之中有無資歷、條件比我好的人落在我後面？因為這些人最有可能對你產生嫉妒。
- 觀察同事們對你的「得意」在情緒上產生的變化，以便得知誰有可能嫉妒。一般來說，心裡有了嫉妒的人，在言行上都會有些異常，不可能掩飾得毫無痕跡，只要稍微用心，這種「異常」很容易發現。

而在注意這兩件事的同時，你也要做這些事情：

- 不要凸顯你的得意，以免刺激他人，升高他的嫉妒，或是激起本來不嫉妒你的人的嫉妒；你若過於洋洋得意，那麼你的歡欣必然換來苦果。

- 把姿態放低，對人更有禮，更客氣，千萬不可有輕慢對方的態度，這樣就可降低別人對你的嫉妒，因為你的低姿態使某些人在自尊方面獲得了滿足。

- 在適當的時候適當顯露你無傷大雅的短處，例如不善於唱歌，字寫得很差等等，好讓嫉妒的人心中有「畢竟他也不是十全十美」的幸災樂禍的滿足。

- 和心有嫉妒的人溝通，誠懇地請求他的配合，當然，也要揭示、讚揚對方有而你沒有的長處，這樣或多或少可消除他的嫉妒。

遭人嫉妒絕對不是好事，因此必須以低姿態來化解。而話說回來，嫉妒別人也不是好事，如果你有嫉妒之心，又無法加以消除，那麼千萬不要讓它轉變成破壞的力量，因為這種力量傷人也會傷己，而且嫉妒也會阻礙你的進步。因此，與其嫉妒，不如想法趕上對方，甚至超越對方。

▶ 人在屋簷下，一定要低頭

老祖先有一句話：「人在屋簷下，哪能不低頭」，老祖先可以說是洞徹世事人情，因此這句話是相當有智慧的。

所謂的「屋簷」，說明白些，就是別人的勢力範圍。換句話說，只要你處於這勢力範圍之中，並且靠這勢力生存，那麼你就是在別人的「屋簷」下了。這「屋簷」有的很高，任何人都可抬高頭站著，但這種屋簷畢竟不多，以人類容易排斥「非我族群」的天性來看，大部分「屋簷」都是低的。也就是說，進入別人的勢力範圍時，你會受到很多有意無意的排斥和不明事理、不知從何而來的欺壓。除非你有自己的一片天空，是個強人，不用靠別人來過日子。可是你能保證你一輩子都可以如此自由自在，不用在「屋簷」下躲避風雨嗎？所以，在人屋簷下的心態就有必要調整了。

總而言之，「一定要低頭」的目的是為了讓自己與現實有著和諧的關係，把兩者的摩擦降至最低；是為了保存自己的能量，好走更長遠的路；是為了把不利的環境轉化成對你有利的力量，這是人性叢林中的生存智慧。

▶ 讓自己為別人所用

我們喜歡交勤勞誠實、為人大方的朋友，亦即是不斤斤計較、不怕吃虧的朋友。於是，憑勤勞誠實為人，大方取悅他人，便不失為一種做人的技術。

比勤勞誠實、為人大方更重要、也更受歡迎的人，是直接「對別人有用」的人。

古人說「天生我才必有用」，此說甚妙！無可否認，並不是每個人都是「社會棟梁」，但我們每個人，也許都有點「對某人有用」的用處。

這個「用處」是什麼，因人因事而異。

一招極重要的做人的訣竅，是針對什麼人或什麼事，發掘自己對這個人的「用處」，利用這「用處」來換取那些他可能對你同樣有用的東西。

人在「互相利用」的情況下會結交成「好朋友」。大者可以合作做生意以至發財，輕者也許單憑一張演唱會的門票便可換取到歡樂今宵。

最划算的事，莫過於自己對人的「用處」根本不費力。要學這招做人的技術，其實只要動腦想一想：「好吧！我想和這人交個朋友，我有什麼對此人『有用』的地方令他（她）看上我？」

這不是什麼功利思想，其實，在人際關係上「用處」最能「促進友誼」。所以請你不要埋沒對別人的有用之處。你也許擁有許多「用處」還沒有拿出來「換取你的需求」。

第四章　競爭脫穎而出

　　應該承認，職場的晉升競爭是一種建立在實現自我價值基礎上的名利之爭。在人類社會幾千年的歷史發展長河中，名利之鞭一直是驅策大多數人奮力進取的一個推進器。

　　在這個能者上、無能者下的公平競爭的社會裡，能者不上就間接製造了令無能者上的機會，這種行為小而言之有損團體利益，大而言之則有礙社會的進步。因此，年輕人應該理直氣壯地追求上進，追求晉升。

第四章　競爭脫穎而出

晉升是人生價值的展現

有句古話說：「人往高處走，水向低處流。」一個願意為社會做出許多貢獻的人，往往想追求權力，追求晉升，這本身並沒有錯，無可非議。在公司中，如果有晉升的機會，千萬別錯過。

一般來說，權力和地位的大小與一個人價值體現程度是成正比的。當然，也有的人權力很大，卻大而無功；地位很高，卻高而無德。甚至有些人權力越大，地位越高，對社會越有害。然而，對於這些人來說，他們的價值也得到了社會的檢驗，也得到了一定的體現，只不過他的價值是低劣的，或說是負價值。

晉升是具有誘惑性的，因為 ——

第一，晉升意味著人際關係的擴展。權力的大小和交際面的大小往往是成正比的。假如你是一個普通的辦事人員，和你有業務往來的人有限，而且往往是你主動，對方被動。一旦你掌握了一定的權力，交際面立刻就擴展了，那時你就是被動的，對方是主動的。

權力升遷，對於擴大交際面有必然的影響，但對於能不能保持提高交際的層次，卻並沒有必然性。這就要看掌權者的人格、風度、魅力和凝聚力如何。

當讓你把拓展人際關係，強化自己在社會中的凝聚力、感染力、影響力作為一項追求，寫在自己晉升追求的目標中時，無疑有助於增強動力，調整步驟，掌握方法。

打開權力人物的史冊，我們看到，古往今來的大政治家都是高朋滿座，門庭若市。「談笑有鴻儒，往來無白丁」，就是這種廣泛交往的風度和能力的生動寫照。

不斷晉升，會遇到人際關係方面不斷擴展的新問題。可以說，升遷的

道路就是擴展人際關係的道路。以直接交往關係帶動間接交往關係，以個人交往增強權力影響力和工作效率，是一種高超的藝術，也是對每個追求晉升者提出的要求。

第二，晉升意味著更大發展的轉機。往往有這種情況：對一個人來說，失去了一次晉升的機會，就可能永遠不會再晉升；而獲得了一次晉升機會，卻可能連連晉升。這是因為晉升意味著更大發展的轉機。

一個人在與其他人平起平坐的競爭中嶄露頭角，往往可能更困難一些。而一旦獲得了晉升的機會也就獲得了充分施展、表現個人魅力的時機，即被人發現和重視的機會；同時也就獲得了在更大的範圍內和更高層次上去經常鍛鍊、獲得知識、接受檢驗的機會。

晉升之所以值得追求，其意義正是在於它的連續性、轉機性和對未來前途的啟動性、擴展性。試想，如果你知道一次晉升就是終點，那麼，它還會有多大的吸引力呢？

同時，晉升一次就等於受到了一次社會的承認和接受，也表明了對自己的一次肯定，因而有利於自信心的增強。

當然，晉升之途對於每個人來說是長短不一的，並不是對每個人來說都是無限長的。是終點也是起點，關鍵在自己。但每次晉升從客觀上來說，是為一個人提供了更為廣闊的舞臺。你只要能在這個舞臺上做出出色的表演，就能由此轉移到更新、更大的舞臺。

我們說，晉升意味著人生價值的體現，權力、地位本身並不是人生價值的標幟。而是說，有了一定的權力和地位，體現你的人生價值的機會就多了，條件也就好了。當你到了一定的位置上時，你就會受到更多人的關注，而且要回答許多人對你的期望和要求。一般來說，位置越高的人，人們對他的期望值也就越高。當他能較好地滿足這種期望值時，他的人生價值無疑就得到了更好的體現。

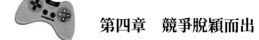

▌為晉升制定計畫

一個人建功立業居廟堂之高，看似偶然，實則不然。如果我們細細追究起來，都是有跡可循的。

時代的步伐一日千里，資訊與知識交替更新。昨天你還是舞臺上的紅人，今天就成了觀眾；今天你是一個時代的前衛者，說不定明天就淪為歷史的落伍者。現實擺在上班族面前的嚴峻課題就是如何使自己常礪常新，同步於這奔湧向前的時代潮汐。

僅有善解人意的人情世故不行，僅有眼鏡後面的發達大腦不行，僅有咬碎鋼牙的決心也不行，要全方位的在心中擬好你的晉升計畫。

年輕人要想晉升，需腳踏實地的從計畫中開始。

▶ 製造晉升計畫的必要性

如果有人問你「今年一年裡及未來五年中有什麼明確的目標」時，你會怎麼回答？假設你的回答是：我沒有想過，我不清楚。那麼你未來的發展，就陷入了泥沼中。

人們對於未來，向來是抱著順其自然的態度，很少有人會認真地思索，總認為「命裡有時終須有，命裡無時莫強求。」其實這種看似樂觀的想法，是一種不負責任的懦夫想法。

你有沒有發現，你計畫星期天去哪裡玩的時間，比計畫自己的未來還要有興趣，並且時間花得多呢？甚至只是看一場電影，你也要計畫好去哪一個影院，看國產片還是外國片，看言情劇還是武俠劇？

我們有很多看電影的機會，但生命卻只有一次。將大量的時間與精力花在計畫那些雞毛蒜皮的小事上而忽略計畫有限生命中的事業，不是很荒謬嗎？

也許你會說：有的，我有計畫，我計畫在我 50 歲時能當上市長！是的，你計畫當市長，儘管你現在還只是一個小小的科員，但我還是要讚賞你的勇氣。但是，僅僅有一個這樣的計畫就足夠了嗎？不，你的計畫應該是一個完整的計畫，包括你何時當科長、何時當處長、局長……一直到市長。而這當中的一步一步，你又如何去實現、去達成，都應是你計畫中的一部分。

晉升就像你想要的房子，你要先把房子的藍圖畫出來。你想要一座幾層樓的房子？你的房子是公寓還是別墅？什麼時候蓋好第一層？第一層的材料從哪裡去取得？第二層、第三層呢

做了許多探究後，你對未來的遠景有了一定的了解，你需要發展具體目標，以便從你現在的位置走到你想去的地方。

▶ 晉升計畫如何制定

美國總統亞伯拉罕‧林肯（Abraham Lincoln）說過：我絕不擔心目標訂得太高，因為，把我的箭瞄準月亮而只射中一隻老鷹，這比把我的箭瞄準老鷹而只射到一塊石頭不是更好嗎？我目標的高度，不會使我敬畏，雖然在我達到目標之前可能要經過一些障礙。如果我絆倒了，我就爬起來，那麼，跌倒與我無關了。只有蟲子才不必擔心絆倒。我不做把目標瞄得太低的蠢事，我要時常把手伸到所抓得到的地方。我達到目標後，立即將目標升高。要時常使下一次的成果比這一次更好，我要時常向世人宣告我的目標。但是，我絕不誇耀我的才能。我要謙恭地接受世人對我的讚譽。

林肯是這樣說，也是這樣做的，結果，他成功了。作為渴望晉升的年輕人，需要學習林肯對於制定人生目標的優點。

晉升計畫的制定，要遵循下列原則：

- 設定期限。分別訂下長期、中期、短期之類的目標，期限可完全按照自己的意思制定，但必須注意不可過長或過短。

  - 長期目標（10 年、20 年或 30 年）
  - 長期目標要高遠，要能夠稱得上值得為之奮鬥的目標。
  - 中期目標（3 年或 5 年）
  - 中期目標要具體，如：由處長升至局長。
  - 短期目標（半年或 1 年）

- 短期目標要實際，如：完成業績 ×× 萬元，得到主管的誇讚。
- 用書面寫出來。
- 經常審查你的目標。
- 把不必要的目標刪除。
- 變更與修正：有時由於日後客觀環境的變化，目標可隨時變更或修正，但不應輕言放棄。
- 利用想像：擬定目標後，設法利用想像，想像自己成功後的美好景象，讓它刺激你，吸引你。

▶ 制定一個長遠的計畫

　　每個公司都有一個五年計畫，這將是公司一個明確的方向，並且使公司保證在向著目標的道路上前進。你也需要一個五年計畫來給自己一個方向。關注從現在開始的五年之內你將要去做些什麼。你能賺什麼錢？你將會擁有什麼樣的職位？你將會從事什麼樣的商業活動？你將會一直去做什麼？你將會取得什麼樣的頭銜？而你的上司是誰？這只是你所需要自問自答的一部分問題。得出你自己的這些答案，它們將會現實地指明五年之後你所處的境況。一旦你記下了你的五年計畫，檢查一下，看看是否你

的短期計畫將會說明你達到目標。如果不是，也許你正向著錯誤的方向前進，所以你可能需要相對地改變你的短期計畫。下面是一組指南，可以說明你制定良好的長遠計畫。

- **大膽地想像**：大膽想像，但是不要讓你長遠計畫的結果變成不可能。施展你的雄心壯志，但是必須是可以達到的。

- **制定自己的夢想**：有夢想才能建立你的雄心壯志。如果你真正想得到的位置不存在，那又如何？只要它切實可行，把你的夢想兜售給CEO，你就成功了。

- **描繪藍圖**：確信在你的短期和長期升職計畫中，所有的事情都很協調。在你的短期計畫中，完成每一件事都能對你的長期計畫的實現有所幫助，如果不是這樣，去掉那些不必要的舉動和事務，你就不會再浪費時間。

- **擴大你的影響力範圍**：開始擴大你的戰略性範圍。每個增加到你的影響力圈子中的連絡人必須能直接或者間接地對你的升職目的有所說明。如果他們達不到這個標準，那麼他們不屬於你的影響力圈子·

- **挑戰升職計畫中的每個觀點和事件**：最少一個月一次。不斷地問自己這個問題：「我的計畫中的一切都能證明我達到目標嗎？」如果你的回答是否定的，那麼修改你的計畫。如果你從來都不改善計畫，肯定有錯誤發生了。要不就是你的計畫太簡單，要不就是它沒有充分的挑戰性。

所有的競爭計畫中的最基礎部分都是增強競爭者的優勢，同時也縮小他的弱點的。你是在升職競爭中單獨前行的人，像所有的競爭者一樣，你有自己的強項和弱項，為了得到升遷機會，你必須加強自己的強項和縮小自己的弱項。

第四章　競爭脫穎而出

在開始競爭計畫的時候，你應該心中有數：努力奮鬥的目標實現後又能做些什麼？假設你已經獲得升遷，正在召開你升職以後的第一個全體職員會議，要表現得非常積極果斷才行。你的下屬正在看著你呢？在你的工作和生活中，你希望他們看到你的哪些與他們不一樣的品格和特點呢？為什麼他們願意為你工作？你如何保持他們不斷的上進心呢？是透過達到和超越你所有的目標來為你們的公司做貢獻嗎？

你剛剛完成的想像已經使你經歷了一些深層的、重要的價值，在力爭上游的同時，這些問題都會浮上檯面。如果你已經擁有正確的攀登工具，現在是做評估的時候了。為了幫助你在這場升職戰役中的更加出色，你需要實事求是地評估自己的強項與弱項。你應該也有一個和此狀況有關的統計表。

你目前的計畫是尋找一個新的方式，可以強化你的那些目前沒有挖掘出來的強項。比如，你的溝通能力是強項，但是卻不能在目前的工作中充分地利用這種能力，你要趕快找到一種把這個強項轉換成你的優勢的方法。到底怎麼做呢？讓我們假設你是一個優秀的溝通者，明白如何和其他人協商制定條款。你發現了採購部被太多懸而未決的合約困住了，而沒有更多的時間去解決。你認為負責採購的副總在你的關係網中是有價值的盟友，因為他可以幫助你獲得升遷。於是，你去會見他，並且幫助他協商他們部門沒有時間解決的合約。在過程中，達到了一石二鳥的效果：你展示了一項從來沒有表現過的溝通技巧（商業談判），並且讓你與採購副總的建立了良好的關係。

▶ 執行你的計畫

人生偉大功業的建立，不在能知，而在能行。當你知道要如何才能攀越巔峰時，你應抓緊時間行動。

「執行」是英語中應用最廣泛的詞彙之一，對於絕大部分人來說，也

是最難做到的事情。制定一個行動計畫是相對容易的事情，但是成功地實踐這個計畫卻是另外一回事。

當你執行晉升計畫的時候，開始需要確立一個重要的策略，它將會讓你對自己的自制力、勇氣和強項有清楚的自我認知。保持自我約束的能力是計畫過程中重要的原則，對於你的升職來說，這也是一項先決條件。如果你期望執行一項徹底、完美的晉升計畫，這就意味著你已經開始了良好的組織計畫。

▌有助於晉升的條件

你也許有過這樣的經歷或體驗吧！離開學校的大門，成為某個企業的職員時，你感覺到自己與一起進來的人能力不相上下，但一段時間過後，總會有人在一些偶然或必然的場合逐漸展露自己獨特的才能，受到上司的推崇與器重，從而在晉升路上春風得意、快馬揚鞭。

一個人要在職場中脫穎而出，絕不能只靠一些小聰明式的投機取巧，而是要靠良好的個人素養與工作能力，其中包括以下幾個條件。

▶ 相應的知識

知識一直是人類在歷史上進步的糧食，是開展工作和安排生活的基本條件。沒有相應的知識，工作不會成功，更不用說得到晉升了。

建造「最佳知識結構」

所謂知識結構，是各類知識在人的頭腦中按照一定的比例形成的能夠產生整體功能的有機組合。有意識地建造最佳知識結構，是各類領導人才進行自我完善的一項重要目標。建立最佳知識結構，應注意以下幾點。

第一是廣博。只注意與工作有直接關聯的事物，很可能成為井底之

蛙，只能做一些有限的工作。這樣一來，在不知不覺中，工作就會流於墨守成規，而成為所謂的「專業愚才」。

日本松下王國（Panasonic）的締造者松下幸之助，儘管只有小學四年級的學歷，卻成為了一代經營霸主，這主要取決於他堅持不懈的自學。

松下幸之助早就意識到「專業愚才」的可怕，所以他在學習時總是心懷一種「鳥瞰式」的視野，觸類旁通、博取眾長，如鷹飛雲端，四處出擊。

第二是精深。博是知識基礎，精則是知識支柱。現代管理活動對各類領導人才的知識精深度，提出了十分嚴格的要求。過去那種「一招鮮，吃遍天」的傳統觀念已經越來越不能適應新形勢的需要了。取代這種舊觀念的，應是「多招鮮，吃遍天」的新觀念，也就是人們常說的「雙學位」、「複合型」領導人才。

知識的累積必須有明確的目的性，即進行有目標的定向累積。這樣就能像探照燈那樣，射出明亮的、能夠照亮遠方目標的「光柱」（系統化的知識面）。由「光柱」和「光霧」組合成的知識結構，才是具有明確方向性、合理的知識結構。

第三是活用。主管要建立自己最佳的知識資料庫，必須積極參加豐富多樣的實務活動，多方面、多角度地累積各種感性知識和實務經驗，不斷活用書本知識。這種對知識的現學現賣，是對他人的知識經驗的一種消化過程，同時又是一種必要的驗證和發展。我們強調實務的「活化」作用，理由是：

1. 書本知識並不是獲取知識的唯一來源，從實務中累積知識，同樣是獲取知識的一個重要來源，而且可以作為對書本知識的重要補充，學習書本上學不到的「活」知識，從而為自己的知識結構不斷注入新的活力。

2. 學習書本知識儘管十分重要，但絕不能機械地照本宣科，而必須透過實務，結合工作的具體情況，靈活運用，並在實務中不斷豐富和發展原有的知識。

3. 心理學告訴我們，每個人在學習書本知識時，都存在根據自己的感性經驗來理解和體察書本知識的傾向，倘若感性知識過於狹隘和片面，則將影響對書本知識的正確理解，甚至從本來正確的書本知識中得出荒謬的結論。而豐富的感性知識，只能來源於多種形式的實務活動。

4. 在書本知識和實務知識之間，以及在各類知識之間，都存在著一定的有機連繫。注意這些知識之間的相互作用和相互影響，將有助於加快對各類知識的理解和消化，而這種知識間的有機連繫和相互作用，很大程度上依賴於實務的發現和體驗。

　　基於上述四項理由，領導者必須致力累積實務經驗，不斷從中汲取豐富的營養，以「活化」書本知識。這對於建立合理的知識結構是至關重要的。

不同領域的晉升要有不同的知識準備

　　個人事業的目標不同，事業領域不同，為獲得晉升所做的準備也會有不同的側重。

　　如果你期望在工商業領域得到晉升，那麼首先就需要有比較精深的工商實業專業知識以及廣博的一般性知識，這是在商業界發展所必須具備的基礎。其次，由於工商實業競爭非常激烈，更新發展十分迅速，所以要求從業者必須具有較強的洞察力、操作力、預見能力和決策能力，以應對千變萬化的競爭環境。如果進入了經營管理階層，則更需要具備較強的組織管理能力。此外，廣泛的社會交往無疑會對你的事業大有幫助，你會得到更充分的資訊和更多的合作者。面對激烈的競爭和變幻莫測的市場，除了

第四章　競爭脫穎而出

要具有精深的知識、高超的技能和廣泛的社交外，你還需要有頑強的意志力和良好的心理素養作保證，這往往能在危機面前或其他關鍵時刻幫助你堅持下來，承受住巨大的壓力。因為工商業的發展會受到許多不確定因素的影響，比如經濟週期、政治形勢等等，所以從業者或多或少都承受著一定的風險。一旦有不利情況發生，則頑強的意志力和良好的心理素養就會成為幫你度過難關的精神力量源泉。

事實上，由於高新技術的迅猛發展和在工商實業界的廣泛應用，工商業的競爭更加激烈，對從業者的要求就越來越高，越來越全面。如果希望在工商實業界開展自己的事業，那麼在事業準備階段，就應該努力為自己準備更多更完善的資源，包括身體條件、品格、智慧、環境等各方面，這樣才能在未來的事業發展中更加揮灑自如。

如果你想在學術界得到晉升，那麼對你來說，最重要的就是要對你所從事的學術領域有非常專深的知識，在有關學術問題上有自己獨創性的見解，這就要求你必須在智慧培養方面投入更大的力量。從知識結構來看，從事學術工作，不需要很寬廣的橫向結構，但要求相對完備的縱向結構；基礎知識不必非常廣泛，但與專業領域相關的基礎知識則一定要深厚、扎實。在此基礎上，需要有更為精深的專業知識素養。從智力結構來看，在觀察力、記憶力、思考力、想像力、操作力當中，以思考力顯得最為重要。學術研究是一項繁重的腦力勞動，往往需要大量的思考，因此，思考力在其中有著關鍵的作用。此外，觀察力和想像力是思考力的延伸，記憶力和操作力是必要的保證。從能力結構來看，在學術工作中，研究能力最為重要。此外，學習能力也是在學術界順利發展的重要保證，從事學術領域的工作，為自己營建一個好的學術環境非常重要。因此，若想在學術上真正有所發展，最好去追隨某一位著名導師，與一批才華橫溢的學術大師

共同合作，這樣你的學術水準必會達到相當高的水準。以上是從事學術工作所必須著重做出認真準備的幾個方面·只要你依此全力投入，必然會使你在學術界走出一條寬廣的事業之路。

如果你想在政界得到晉升，擔負起國家和民族的歷史責任，則對你的個人素養提出了非常高的要求。良好的身體條件當然必不可少，從品性方面來看，道德特質顯得尤為重要。在政界發展，人品好壞常是人們首當其衝考慮的問題。另外，政界也有許多不確定的因素，在其中發展也需要有良好的心理素養和頑強的意志力，以承受波折和壓力。在智慧因素方面，從知識結構來講，政治家需要有較寬的橫向結構，相當廣博的基礎知識；從智力結構看，觀察力和記憶力對政治家最為重要，這有助於你更清楚地了解你的發展環境，並儲存大量有用的資訊；從能力結構來看，預見能力、決策能力和組織能力最重要；另外，表達能力對政治家來講也是必不可少的，它同組織能力一樣，是政治家的重要領導手段。在環境因素方面，廣泛的社會關係無疑是非常必要的，從某種程度上講，這是政治家賴以成長的土壤。另外，加入某一政治團體會增強你在政治事業上發展的實力，這是因為團體的力量一定會比個人的力量大得多，在政治領域尤其如此。當然，你所加入的團體的政治目標應該與你的政治目標相一致，而且你的政治目標一定要與社會發展的歷史進程相符合，這樣才可能在順應和推動歷史潮流的前提下實現個人和團體的政治目標。

不同層次的職位要有的能力要求

無論哪一類別的領導人才，都可分為高階、中階、低階三個層次。人才界有人主張：高階領導人才應具有比較淵博的知識和較高的決策水準，能夠高瞻遠矚地對全域事態做出科學的判斷，從而據此制定有關的戰略方針和政策、策略。中階領導人才具有較強的處事能力和組織能力，善於處

理較複雜的上下級縱向關係和部門與部門之間的橫向關係，能夠準確理解上司想法，並將上司想法結合本地區本部門實際，制定出切實可行的貫徹計畫，交給基層單位付諸實施。低階領導人才則應具有較高的做事效率和解決繁瑣問題的能力。

▶ 文字表達能力

領導人才具有較高的文學寫作能力，能促使自己的決策想法系統化、條理化、規範化，便於指導和改進全域的工作；能幫助自己更好地總結經驗教訓，抓好正反兩面的典型，推動執行工作；還能使自己比別人更迅速地處理各種公文和資料，提高工作效率。隨著形勢的發展，對各類領導人才應具有的文字表達能力的要求也越來越高。許多公司在選拔中、高層領導人才時，已經明確要求他們具備撰寫論文的能力，並將這一標準列為對他們進行短期強化訓練應達到的目標之一。

具備較強的文字表達能力，能使領導人才的各項基本素養不斷趨於完善，從而最大限度地發揮潛能，使自己向著更高層次的水準發展。

在歷史上，凡是著名的領袖人物都是善於寫作的。邱吉爾、羅斯福、戴高樂都曾經當過記者，辦過報紙、雜誌，寫過書。不少人正是因為當了名記者，辦了一份名氣很大的報紙或雜誌，才創出了自己的知名度，逐步走上高階職務的。

▶ 口頭表達能力

口頭表達能力主要包括在各種會議上的演講能力；對不同對象的說服能力；以及在面對複雜情況時的答辯能力。這三種能力恰恰是目前不少基層主管，甚至包括一些高階主管所缺乏的。有些高階主管，不善於在各種群眾面前精闢地表述自己的思想見解，甚至講兩三分鐘的短話也要祕書事

先擬一篇講稿，還有的主管在找下屬談話時，明明真理在手但卻說服不了對方。有時候，遇到發問竟然無言以對，缺乏起碼的答辯能力。由此可見，不僅是領導人才，就是作為一名及格的主管，也應具有一定的口頭表達能力。而對於領導人才來說，不斷有意識地提高自己的口頭表達能力，就顯得尤為重要了。

具備出色的口頭表達能力有助於提高和完善領導人才的組織指揮能力，疏通協調能力，做好思想政治工作。

▶ 領導能力

領導能力的主要組成是「識人」、「育人」、「用人」三部分。古語說「士為知己者死」，用現在的話來說就是「人為知己者用」。位居領導地位的人如果沒有識英雄的慧眼，下屬是絕對無法被激發熱忱的。領導者要以公平而客觀的原則去評估選人，提拔真正有才能的人，這就是「識人」，是培養領導能力的第一件事。發現了人才要在實務中培養，要鼓勵他們的積極進取，使之成為公司核心力量，這就是「育人」，是培養領導能力的第二件事。對人用而不疑，放手大膽地使用，並根據不同才能，委託不同的責任；根據不同情況，給予不同形式的指導，這就是「用人」，是培養領導能力的第三件事。學會了「識人」、「育人」和「用人」，就掌握了領導藝術中的執行能力。無論你現在是否在主管職位，都將是你走向成功的重要因素。

▶ 人際交往能力

天時、地利、人和是成功的三大要素。而其中天時不如地利，地利不如人和。的確，不管做什麼，其成功之途，人際關係是個不可忽視的因素。

第四章　競爭脫穎而出

現代社會中，人們交往時奉行一種公平利益原則，即互惠關係，交往雙方應互相提供利益。由此可見，在現代社會中人際交往的需求增多，機會增加，我們所要進行的任何事情都必須在與他人的交往中完成。

卡內基大學曾對1萬多案例進行分析，結果發現「智慧」、「專業技術」和「經驗」只占成功因素的15％，其餘的85％決定於人際關係。哈佛大學就業指導小組調查的結果顯示：數千名被解僱的男女雇員中，人際關係不好的比不稱職的高出兩倍。其他許多研究報告也都證明，在調動的人員中，因人際關係不好、無法施展其所長的占絕大多數。因此，良好的人際關係是一個人取得成功所必須具備的一種素養。

▌化解晉升的阻力

在晉升的道路上阻力重重。具體來說，在晉升道路上存在五方面最大的阻力，其阻力從大至小依次為：不能正確地認識自己、能力和才能的影響、上司的壓力、同事的阻力以及自身情況的影響。

▶ 不能正確地認識自己

在通往權力與榮耀的道路上，最大的阻力是什麼？不是嫉賢妒能的昏庸上司，也不是虎視眈眈的競爭者，最大的阻力，是不能正確地認識自己。任何人都會認為只有自己才是最了解自己事情的人，但事實上真的是如此嗎？

自己的事情似乎自己應該完全了解，然而人們卻常常意外地發現自己其實並不了解自己。如果你「完全不知道自己本身的實力，而過一天算一天」，那實在是一件非常遺憾的事。相反的，如果你處在完全不知道自己缺點的情況下，也是一件不幸的事情。例如一個人過分自負地認為「自己

是最關心、照顧別人的人」，事實上，他的確非常關心別人的事，但在別人看來，卻認為：「真是多管閒事，連這種不希望他管的事情，他也要插手。」當遇到這種情形時，又會產生什麼結果呢？別人會把他的存在視為一件討厭的事情，雖然他拚命地想去關心甚至幫助別人，但人家卻極討厭這種態度，避之唯恐不及可是他本人並不知道這完全是自己造成的結果，會很納悶地想：「我如此主動地為他人著想，為什麼大家反而要避開我呢？」

有很多人知道自己的個性和習慣的某些缺點，但卻無法加以改變。不過，能自己感覺到如此，也是一件很有意義的事。例如「喜歡關照別人本來就是件好事呀！」和「因為自己有這種癖好，所以非加以注意不可」的兩種想法，是有很大差別的。

任何人都有其長處和短處，如果能夠知道自己的缺點，並加以注意和克服才是最重要的，但這也是非常不容易的。要改善之前必須能夠想到自己的缺點，並且坦率地承認。但更重要的是能正確地評估什麼是自己的長處和優點。

以上所講的，注意和克服自己的缺點是很重要的態度，但如果過度的注意而有所拘泥的話也是不好的；而且如果將自己的缺點誤認為是優點，則犯了更大的錯誤，只要產生了這兩種情況，都可能就是不幸的開始。承認缺點是必須的，但是每個人也一定有許多別人所沒有的優點，所以一定要將這些優點找出來，並使它發展且活用它。

▶ 能力和才智的影響

如果把正在前進的你比做一輛疾駛行進的電動車，那能力、才智與知識是電動車中的蓄電量。職場中大大小小的坎坷其實也足以讓你意識到隨時充電的重要性。

第四章　競爭脫穎而出

　　為了自己的晉升計畫得以順利進行，我們必須清楚自己的弱勢所在，列出大概的學習日程。同時學會在最佳的「角度」及「鎂光燈」下展現出自己最優秀的一面，比如你雖然不是很懂策劃，但對市場有很強的洞察力，那你不妨在會上大膽地向各有關人員提供相關資訊；雖然你的口才不好，但是寫起總結、計畫或報告卻如行雲流水，那你就盡量用文字與上司進行溝通以引起他的欣賞；雖然沒有很高的職稱，但卻能收回別人收不回來的壞帳。這些都是你邁出眾人行列的資本。

▶ 上司的壓力

　　「和你的上司維持好關係」永遠是你必須熟記的職場生存守則。晉升也好，加薪也罷，你的前途和命運有絕大部分的「股份」握在上司的手裡。所以，與上司的關係、溝通是晉升能否成功的關鍵。

- **你與上司的距離**：很多人都希望和上司像朋友一樣相處，這往往是一個迷思。不論什麼時候，上司就是上司，即使你們的關係很不一般，也不意味著對他可以沒有敬畏和恭維，保持適當的距離很重要。如果和上司走得過近，對他的工作、生活甚至隱私都瞭若指掌，這會讓他有一種無形的威脅。而在你們平時過甚的交往中，你的弱點又會毫無遮攔地暴露在上司的眼裡，容易讓上司對你失去客觀公正的判斷。在有晉升機會時，他更會仔細斟酌，以免因用人不力給員工留下「任人唯親」的口實。

- **辦公室內無友誼**：對同事如此，對上司更是如此，「適當的距離是一條安全線」，這是辦公室裡不變的遊戲規則。

- **上司或部門負責人的調換**：這的確是一件令人沮喪的事，你的種種努力和表現往往會因為領導者的變化而事倍功半或前功盡棄。最壞的一

點是原上司的不正常離職，這時新任上司一般會在人事上來個「大換血」，你不但沒有接到升職聘書，反收到一封解僱信；另一結局就是能僥倖留下來，這時更須小心謹慎、步步為營，一切從頭開始，千萬不要提起原上司在任時對你的欣賞或自己那時的成就。

▶ 同事的阻力

千萬不要以為只要得到上司的賞識，就可以飛黃騰達。在提升你做高職之前，上司一定會去了解你和同事的關係怎樣。

競爭和利益使得職場中人際關係顯得尤其微妙。有時你會遇到一些小人，他們以背後議論、譏諷別人為樂事，又愛在上司面前打小報告；有時那個和你走得不遠不近的人，也會因為你無意間的一句話傷了自尊心，從而轉變對你的中立態度。這些瑣碎無聊的人與事也會對你能否儘快晉升有著一些不大不小的作用。

此外，為了在同事間留下好的口碑以減少因為同事關係阻礙自己的晉升，在對待同事的態度上應該注意：

- 那些與自己平級的同事中，確實有你的競爭對手，但不論你內心想什麼，都應該以對待同事而不是競爭對手的態度面對他們，並且一定要在對方心裡留下這種印象；
- 如果其他同事在你之前得到晉升，一定要為他們感到高興；
- 不要把任何一位同仁視為敵人，不過這也不意味著對任何一位同仁都像朋友般對待或視若莫逆，舉止要發乎情止乎禮。

此外，與下屬的關係同樣很重要，一定要注意，不要讓部下於你自己不願於的事情，比如你自己不能身體力行，只讓別人加班就不合適；如果你不是時時注意指導你的部下，你就別指望他們按照你所要求的方式工

作。如果再有大膽的下屬隔三差五地闖到老闆那裡投訴你，你的升職計畫不泡湯才怪呢。

試試以下的做法，也許會減少不少來自下屬的阻礙！

- 對下屬要以禮相待，表示出自己的尊重，注意對年長的下屬稱呼要適當，以避免他們有不舒服的感受；
- 犯了錯誤別推到下屬身上，要勇於承認，出了錯也不要遷怒別人，即便是下屬的錯，反映到上司那裡你也要負管理不力的責任。
- 當下屬對你的應對進退有缺失時，要遵循某些指導原則告誡或提醒他注意。
- 不要告訴下屬非其責任範圍之內的事，也盡量不要要求他們做這些事。

▶ 自身情況的影響

家庭因素和身體狀況將直接影響晉升的成功與否。

家庭的壓力或負擔都會影響你的情緒，從而打亂自己的職場發展計畫。有的女性因孕期、產期等原因不得不離開一段時間，於是有些晉升機會與其擦肩而過，或者由於承受太多的精神壓力，付出太多的體力而使身體素養每況愈下，各種心理疾病接連出現，從而對正在實施的升職計畫心有餘而力不足，不得不停止向高峰衝刺的腳步。

所以，年輕人在懂得如何工作的同時，更要學會愛惜自己的身體。

▎怎樣發現晉升機會

機會即機遇，意指時機與際遇，是人們走向成功的必然切入點。所謂來得早不如來得巧，就是對機會的最好詮釋。

機會本身就包含了「隨機」的意思，它的出現是偶發性的，但也是必

然之中的偶然。有心晉升者，只要透過仔細的分析、慎重的考慮以及積極的創造，良好的機會一定會展現在你面前。

年輕人在職場應學會慧眼識機會，如果對機會女神的來訪一無所知，失之交臂，終將悔之晚矣。俗話說：「通往失敗的路上處處是錯失了的機會。」

要發現機會，尋找機會。首先，要有開闊的胸懷、廣闊的視野，把眼光放在更廣闊的領域，而不是局限於某個狹小的範圍內或某個單純的管道上。其次，要善於分析，「撥雲見日」。機會常常改裝打扮以問題面目出現，如對某一重要問題的解決本身就為某下屬的晉升提供了良機。再次，要樂觀，不要僅看到眼前的問題，而要發現問題後面的機會。美國著名行為學家魏特利（Denis Waitley）博士說：「悲觀者只看見機會後面的問題，樂觀者卻看見問題後面的機會。」當然，發現機會是以主體自身的才能和努力為前提的。

留學生小莫在美國某研究所就職，一天，系主任請他看一份規劃報告，準備小莫看後呈送所長，小莫看後認為：「這個報告不行，如果依照它辦理，將會導致失敗。」他向所長大膽地表達這一看法，所長說：「既然他的不行，那麼就請你拿一份可行的出來吧！」第二天他拿了一份報告呈遞所長，得到了所長的大力讚賞。一個月後，他就被升遷為系主任，原主任因此而被解僱。在這個例子中，如果小莫不善於抓住向所長表現自己才能的機會，就很難得到所長的重用。

宋太宗時，朝廷發生了「潘楊之案」。「潘楊」指的是潘仁美與楊延昭，一個是開國功臣，堂堂國舅；一個是鎮邊大帥，世代忠良。這個案子在當時是一個燙手的山芋，誰也不敢去接，生怕一招不慎，輕者革職流放，重者凌遲處死、株連九族。

第四章　競爭脫穎而出

當時的晉陽縣縣令寇准卻發現這是一個升遷的好機會，他認為這個案子如果辦好，可望升為南太禦史甚至宰相，官運亨通。於是寇准果斷地接下「潘揚之案」，並實事求是地公正決斷，深得上下的信任與賞識，終於升為宰相。

發現機會，有時也不能眼睜睜地盯住前門，還要注意後面的窗子。另外，成功往往與冒險是一對孿生兄弟，如果不敢冒險、遇到困難繞著走，那困難背後的甘果也不會被你摘取，而你也只能平平庸庸地度過自己的一生。不入虎穴，焉得虎子，敢冒險的人不一定會成功，但成功的人很多都是因為他們冒過險。

正像歌德說的：「剎那間，便可決定你的一生。」因此，你必須留意你身邊的一切，哪怕是丁點小事也別錯過，其中可能就有帶給你的幸運之機。在你的生活中，你是否留意主管對你的一言一語，是否留意主管分派你的一事一行，請你珍惜它，這都是機會。要知道，你的一份報告、一席談話，甚至一次隨從外出……都是你向主管表現的機會。切莫小看這些平凡的事務，因為你的主管就是在這些事務中發現你的。

「幸運之神常前來叩門，但愚昧的人卻不知開門邀請。」很多人以為機會的來臨大概是敲鑼打鼓、披紅戴綠，來得不同凡響，其實不然。機會的最大特點就是悄悄來臨，稍縱即逝。就像諺語說的，機會老人先送上他的頭髮，如果你沒抓住，再抓就只能碰到他的禿頭了。先出現一個可以抓的瓶頸，你沒有及時抓住，再摸到的就是抓不住的瓶肚了。

可見，機會老人是好捉弄人的。你是否經常只「碰到它的禿頭」？如果這樣，請你注意「及時行動」四個字。

科美重型機床廠的技術科長張華，畢業於知名大學，知識豐富，做事踏實，為人也不錯。他在技術科當科長的幾年中，為廠裡成功完成了多項

專案的研究與開發工作,極得高階主管的賞識。

廠長想在技術部門挑選一名人才送到德國深造。當時廠長找張華談話,暗示他可以得到名額。誰知張華卻一心牽掛正在研發的「精密車床」專案,沒有及時提交報告申請出國深造,結果讓部門的副科長去了德國。

張華的「主動讓賢」博得了廠長的好感,專案研發取得成功更是錦上添花。雖然張華沒有「把握住出國學習的機會」,但他卻是「把握住了」以大局利益為重的「機會」。

可見,機會有些時候確實是晉升的重要橋梁,如果不能發現並把握住機會,你將永遠站在河的那一邊。

▌怎樣爭取晉升機會

真正的成功者從不等待幸運女神來敲門,因為他們深知機會其實是自己爭取來的。「毛遂自薦」的故事對我們是深有啟發的,它之所以千古流傳為佳話,不僅在於毛遂有才、有智、有謀,主要還在於毛遂不守株待兔、坐等良機,而是利用自己的勇氣和膽量主動爭得了薦才、顯才的機會。下屬欲晉升成功切不可一味等待伯樂上門相才,而要主動爭取施展才華的機會,即使伯樂上門相才,也須以有人顯露才華的跡象為依據,才能相中。

▶ 要搶著做最熱門和主管最關心的工作

所謂熱門工作,是指切中社會焦點,被上級主管和單位同事們普遍看重,對社會進步和經濟發展至關重要的工作。

比如,人事部門的人事任免工作,專案部門的專案審批工作等。通常,熱門工作是由關鍵職位的人員來做的。

但是,在一些特殊的情況下,關鍵部門不一定能做熱門工作,非關鍵

部門也可以把熱門工作拿到手。

單位的具體工作非常多。這些工作並不一定都是主管所關心的，主管最關心的是那些關係到全域利益的較急、較難、較重的工作任務。

如果我們能以敏銳的觀察力理解一個時期內主管的工作思路，以自己的最大才智和熱忱把主管目前最關心的事情辦好，那麼，無論在業績上還是上下級關係上，都能收到事半功倍的效果。

▶ 要爭取報告成績的機會

某局有兩位處長：老李和小王，老李分管的是一個「大」處，事務較多，小王分管的是一個「小」處，事務相對輕閒，兩人的工作表現都十分出色。

局裡每個月都要派老李和小王向中央單位主管進行例行的工作報告。老李是個實務派，對此類「嘴上功夫」不大注重，經常在報告前準備不足，甚至有時因工作上的事而遲到，所以老李的報告總是被主管的祕書安排在最後。每次等到老李發言，主管不是哈欠連天就是不停地看錶，催促他「簡單一點，快點說！」

小王對於報告的態度則與老李有天壤之別：他每次報告都預先擬好說稿，並將重點記在紙上，以免遺忘。他每次都要求第一個報告。報告過程中，他不但談自己的工作，還把處裡的好人好事表揚一番。

一年後，該局的局長另調它處，局長位置出現空缺。經過上級主管的裁示，決定由小王升任局長。

年輕人想要獲得晉升機會，要把工作做好外，還要善於彙報成績，讓上級主管了解你。

▋怎樣增加晉升機率

掘金要選一個富礦，晉升也要選擇一個合適的單位、合適的部門、合適的上司、合適的同事……

▶ 選擇合適的單位

正如員工個人一樣，每家公司都有自己的「氣質」。有的凡事推託，做事效率慢；有的則是以賽車的速度前進；有的公司標榜傳統；有的卻喜歡標新立異，不按常理出牌。

要是可能的話，盡量選擇公司文化和自己的個性比較相投者。假如你是個不拘小節的人，在 IBM 或大銀行做事，一定無法適應，因為你必須穿得無懈可擊，而且嚴守公司的規定。所以，最好找一家完全不規定員工服裝的公司，像矽谷的電腦公司認為，規定員工的穿著是在浪費時間。有些激進的公司甚至不反對他們的程式設計師穿著浴袍上班，他們唯一在意的是員工能否把工作做好。因此，現在有許多公司都擬定彈性上下班時間，甚至工作地點也能隨心所欲。他們只希望員工能如期完成工作，其他的一概自由。然而，還是有許多傳統的公司執著於嚴謹的紀律規範，以及分明的等級制度。如果你想和高階主管面談，必需先打電話安排時間，隨意進出他的辦公室是絕對不允許的。

只有選擇了與你自己「氣質」相似的單位，你才能較快地得到上司及同事的承認。但萬一你進入了一家與你「氣質」不同的單位，如果你仍存在晉升的奢望的話，出路只有一條：努力迎合單位的「氣質」。

▶ 選擇升遷機會較多的部門

在公司部門的選擇上，應該選擇到那些升遷機會較多的部門工作。例如，過去宣傳部門和工會升遷了不少的主管。後來，科技部門、人事部門

出了不少優秀的主管，因為這兩個部門選人的起點都很高，平庸之輩是進不來的。近幾年，財務相關議題越來越受到重視，是值得進去的一個部門。

▶ 選擇上司

對於同時走上工作職位的大學生來說，他們的起點基本一樣。但是幾年之後，他們在職務的晉升上拉開了距離。有的晉升的快，有的晉升的慢，有的沒有得到晉升。晉升的快的人在談起他們的進步時，就要把上司的幫助和提攜放在首位。晉升的慢的人，也往往對自己的上司流露出一種哀怨的情緒。所以，選對上司對獲得晉升是十分重要的。

一般來說，上司是不能由自己選擇的。但是，你可以創造條件去接近心目中認定的比較理想的上司，並疏遠那些不理想的上司。

選擇上司時，不僅需要看上司的思想意識、他們對部下的關心程度及提攜部下的能力等，還要看你自己的意願和想法以及你的興趣。有一些人在工作中追求的是職務的晉升，有的則是追求比較安定的環境，有的是追求比較高的經濟收入，還有的是為了事業的充實，也有的是圖名聲。目的的不同，對上司的要求不同，選擇上司的標準當然就不一樣。

比如說有一種是年輕有為者，才華學識都在平常人之上，在前程上被人普遍看好的上司。這些人積極上進，對團隊榮譽看得很重。跟著這種上司做事，除了受累，在個人利益方面可能什麼也得不到。但是，一旦他們被提升，不僅會給你空出位置，而且還有利於你今後的進步。一方面，他日益增大的權力更有利於對你的提攜；另一方面，他的積極奮進的鬥志和由此帶來的成功對你的晉升非常有利。

▶ **選擇同事**

在選擇你的同事時，應該選擇心地善良，水準比你稍低的人為好。心地善良的人不會加害於你，不會在你提升的關鍵時刻給你腳下使絆，讓你栽跟頭。水準低一些可以保持他們對你的尊敬和信服，顯示你的高明之處。如果你選擇的同事處處比你強，而且又具有強烈的晉升欲望和競爭性，那麼，在他們沒有得到升遷之前，你就得永遠步其後塵。倘若你要越過他去，則是極其困難的。如果你們水準相當，而且誰也不想相讓，最後的結果必然是兩敗俱傷。在人才流動中，不少人願意從大城市、大機關、大企業等高層次部門向鄉鎮、區街等基層部門流動，其原因在於避開強者之間的競爭，尋找發展自己才能的機遇。

▍釐清上司對自己的看法

競爭職位不能打無把握之仗。因此，在參與晉升角逐之前，有必要釐清上司對自己的看法，以便找到晉升的門路。要做到這一點，你應明確以下幾方面：

- **你單位的主管賞識你嗎**：如果你部門裡的主管或總經理看不到你的出色業績，你的業績再出色也沒用，因為你的業績別人看不見，怎會提拔重用你呢？

  不要單方面以為 —— 只要表現好、工作好，就遲早會傳到單位掌權人的耳中。現實中的情況往往並不是這樣。俗話說「好事不出門，壞事傳千里」，你工作做得非常出色，可能別人根本不知道。所以，你應該設法讓上司了解你，了解你所做的工作，給他們留下一個工作做得好的印象。上司往往把這樣的人看作是能夠獨當一面的優秀人才。

第四章　競爭脫穎而出

- **= 你與上司關係怎樣**：在單位你是否能晉升，不僅要看你的能力和成績，還應看你和主管的關係熟不熟。你不妨問一下自己：你和上司吃過幾次飯？主管記不記得你這個人物？如果沒有，就要多創造機會讓主管發現你、了解你，並賞識你。

- **你有人緣嗎**：一般升遷較快的人除了有出色的成績外，更重要的是有人緣，有的人成績平平，但晉升得很快，這可能就是他有比你更好的人緣。

  平時你要注意你的競爭對手的人緣是否比你更好？如果他比你的人緣更好，你的晉升機會可能被他所取代。任何上司都喜歡人緣好的人，提拔這樣的人更符合「群眾路線」，也為主管今後工作帶來方便。

- **你會威脅你的上司嗎**：如果你的才能超過你上司，可能會對你上司的地位構成威脅時，你上司肯定會阻礙你的晉升，處處打擊、排擠你。你的上司一旦產生這種想法，就難以改變了。你越有才華，他就越認為你會頂替、超過他，他就越阻礙你的晉升。

- **你的上司是不是搶了你的功**：一般有才華的下屬對上司都是一種威脅，有的上司排擠你也就罷了，更可恨的是有的上司搶了你的功還要整你。這時，你就應該正式地與他談談，也許他會有所收斂。但最可能的是招來他更大的嫉恨，這種情況下，你最好調離。

- **你參與了多少核心專案**：參加核心項目，你可以與高階主管接觸，並能讓他們發現你的才能，對你的提升至關重要，如果你在這方面是空白，那你就前途坎坷了。

- **你的直屬主管是否重視你的業績**：如果你的上司沒有宣揚過你的出色業績，那他可能是存心壓制你，你就應該向高階主管展示你的才華，如果這樣還是行不通，你就應另攀高枝了。

- **你最近有沒有擔負較重的責任**：如果你最近被安排單獨負責一個部門，一項工作，你就有可能得到提升了，而如果你沒有這樣的機會，你提升的希望就很小。

- **你最近是否有決定撥款的權利**：在公司裡，檢驗你權力大小的尺度之一就是你在撥款上有多大的權利。

  如果你的公司較大，你的權力體現在你能批多少款；如果你的公司較小，你的權力體現在你能決定如何使用資金上。

向上司提出晉升要求

晉升的機會來了，各種小道消息在單位蔓延。那麼，在面臨這樣的機會時，蠢蠢欲動的你要不要主動地找上司反映自己的願望，提出自己的要求呢？這常常是人們為之苦惱的事情。因為，如果我們自己不去爭取，很可能就會失去機會；而如果我們去爭取，又擔心上司會認為自己過於自私，爭名奪利，究竟該如何自處呢？

其實，誠實地向上司反映情況，提出自己的渴望和要求，並不會被認為自私或爭權奪利，而且是十分正當的。在平等的機會面前，我們每個人都有權利去獲得自己應該得到的東西。而且，作為上司來說，由於其時間和精力的有限性，不可能完全了解每個人的情況，有時也可能會被一些表面現象所障目，以至於犯片面性的錯誤。既然如此，我們自己為什麼不可以主動地幫助上司了解情況，以便他做出更為公允和明智的決定呢？相反，如果你不去反映情況，則只能是自己對不起自己了。

然而，在這裡，也應該注意一個問題。眾所周知，每一次的晉級名額常常是非常有限的，僧多粥少不可能人人有分。在這種情況下，你如果要向上司主動提出要求，最好事先作一番調查，看看這次指標數究竟是多

少，並就部門的各個人選排列分析。如果說自己的條件很有可能入選，或者說有一定的機會，但存在著競爭，這樣，你便可以、而且應該去向上司提出要求。如果排隊下來的結果自己的希望十分渺茫，那麼，趁早自己放棄。因為在這種情況下你再主動要求，再爭，實現的可能性也是很小的，而且上司會認為你太過分，不明智，你不如韜光養晦，苦心修煉。

向上司提出晉升要求，須掌握一定的方式方法：

▶ 不能過分謙讓

《聖經》中有這樣一則故事：有位先生仙逝後欲進入天堂去享受榮華富貴，於是就去排隊領取進入天堂的通行證。由於他不善於競爭，後面的人來了直接插在他前面，他卻保持沉默，絲毫沒有任何反抗或不滿，就這樣等了若干年，他仍站在隊的末尾，始終未得到他想得到的東西。

這個故事對我們深有啟發。人世間處處充滿著競爭，就社會來講，有經濟、教育、科技的競爭，有就業、入學，甚至養老的競爭。就晉升來講也不例外，在通向金字塔頂的道路上，每一步都是競爭的足跡。對於同一職位覬覦者不止你一個。因此當你了解到某一職位或更高職位出現空缺而自己完全有能力勝任這一職位時，保持沉默絕非良策，而是要學會爭取，主動出擊，把自己的想法或請求告訴上司，往往能使你如願以償。戰國時期趙國的毛遂、秦時的甘羅已為我們提供了最好的證明。特別是上司已指定了候選人，而這位候選人在各方面條件都不如你時，更應該積極主動爭取，過分的謙讓只會堵死你的晉升之路。

作為下屬，向上司提出請求時應講究方式，不能簡單化。宜明則明，宜暗則暗，宜迂則迂，這要根據你上司的性格、你與上司以及同事的關係、別人對你的評價等因素來定。

▶ 預先提醒上司

在正式提出問題和上司討論之前，做出一兩個暗示，表明你正在考慮這件事，這樣就不會在你和他正式談及此事的時候發現他毫無準備了。你可能認為這只會給他時間思考，找出理由拒絕你的要求，但是請記住，你的目的並不在於要去贏得一場辯論，而是要使上司確認給予你提升是出於對大局利益的考慮。假如上司有所保留的話，你應該了解其中原因（在了解以後，你也許會發現，你選擇了錯誤的職業，或是這家公司並不適合於你）。

▶ 選擇適當時機

通常，應該在上司情緒好的時候這樣做。如果他的愉快是由於你的業績引起的，那就更妙了。選擇時間非常重要，把你的要求作為工作日的第一份報告呈交給上司往往很難奏效。

▶ 用事實證明你的業績

與其告訴上司你工作是多麼努力，不如告訴他你究竟做了些什麼。可以試著用一些具體的數字，尤其是百分比來證明你的實績；同時，要避免用描述性的形容詞或副詞。比如，不要說：「我同某某公司做成了一筆生意。」而說：「我與某某公司做成一筆××萬元的生意。」這也就是說，盡可能地讓事實替你說話。

最好的方法是簡單地寫一份報告給上司，總結一下你的工作。如果你這麼做，白紙黑字，數字詳盡，就能使他及時了解你的業績，而且日後也能查閱，同時，也就不需要說那些聽起來使人覺得你自吹自擂的話了。

▶ 向上司說明提拔你的好處

不可否認，這並非是那麼容易做的，因為你是申請人，上司則是決策者，而有關你各方面的資料又有限，因而是否滿足你的請求需要考慮。然而，如果更仔細地想想，還可以拿出理由，說明你所期望的提升對於授予者也不無裨益。

假如要謀求提升，還可以指出權力的擴大會使你為上司完成更多的工作，更有效的處理你手頭上的事情，而如果想得到加薪或別的要求，那麼你可以告訴他，這樣能讓別人意識到出色的工作是會得到獎賞的。要使人信服地認可你的提升會使他得到好處，你確實需要動一動腦筋，但是努力多半是不會白費的。

▶ 不要要脅

下屬的要求一旦遭到拒絕，轉而用離職或不辭而別來要脅上司的做法往往會引起上司的不滿。縱然上司屈服於威脅了，上下級關係卻失去了信任感，而要使信任感恢復原狀，即使可能，也是十分艱難的。

▌尋找貴人相助

在職場晉升的過程中，貴人相助往往是不可缺少的一環。有了貴人，不僅能縮短晉升的時間，還能壯大你晉升的籌碼。

有句話說「七分努力，三分機運」，我們一直相信「愛拼才會贏」，但偏偏有些人是拼了也不見得贏，關鍵可能就在於缺少貴人相助。在攀爬事業高峰的過程中，貴人相助往往是不可缺少的一環，有了貴人，他會扶你上馬，讓你春風得意馬蹄疾。

「貴人」可能是指某位居高位的人，也可能是指令你心儀及欲仿效的

對象，他們無論在經驗、專長、知識、技能等各方面都比你勝出一籌。因此，他們也許是業界的領頭羊，或者是主管。

香港某雜誌曾經針對上班族做過一份調查，結果在所有受訪者中，有70%的人表示有被貴人提拔的經歷。而且，年齡越大，曾受提拔的比例越高，尤其是50歲以上的受訪者，幾乎每個人都曾經遇到過貴人。

該雜誌同時指出，一般人遇到貴人的黃金階段，大都集中在20~30歲這段時間，主要原因是，這是一個人一生中的事業關鍵期。

這份報告證明，有貴人相助，的確對事業有助益。受訪者中，凡是做到中、高階以上的主管，有90%都受過栽培；至於做到總經理級，有80%的遇到過貴人；自行創業當老闆的，竟然百分之百全部都曾被人提拔。

不論在哪一種行業，「老馬識途」向來是傳統的成功捷徑。這些例子，在運動界、演藝界、政界頗多。

運動界的人，披掛上陣的時間比較短，常常年紀不大就退下陣來，在幕後做些運籌帷幄的工作，同時也負責調教後起之輩。如日本相撲選手，新人向來被指派為老手服務，目的就是想透過前輩來提升自己。

至於音樂界的例子，已故大指揮家伯恩斯坦（Leonard Bernstein），本身是從紐約愛樂交響樂團助理指揮的位置做起，他因受到栽培而聲名大噪，直到他接掌樂團指揮之後，便將助理指揮的職位特地保留，作為造就人才之用。後來，紐約愛樂樂團果真培養出一批明星指揮家，如小澤征爾、阿巴多（Claudio Abbado）、湯瑪斯（Sir Thomas Beecham）、瓦爾特（Bruno Walter）等傑出人才。

雖然說貴人相助對於晉升有很重要的作用，但要想被貴人「相中」，首要條件還是在於：自己究竟有沒有實力。俗話說，師父領進門，修行在個人。如果你一無所長，卻僥倖得到一個不錯的位置，肯定後面會有一堆

人等著想看你的笑話。畢竟，千里馬的表現好壞與否，代表伯樂的識人之力。找一個扶不起的阿斗，對貴人的鑑人能力也是一大諷刺。

除了真正是基於愛才、惜才之外，一般而言，貴人出手多少都是帶有一些私心，目的則在於培養班底，鞏固勢力。但是，也有一旦接班人羽翼豐盈之後，立刻另築它巢，導致師徒失和，反目成仇，「教會徒弟打師父」，這類故事從古至今一再發生。

良好的「伯樂與千里馬」關係，最好是建立在雙方各取所需、各得其利的基礎上。這絕不是鼓勵唯利是圖，而是強調雙方以誠相待的態度，既然你有恩於我，他日我必投桃報李。人際管理專家曾經舉出千里馬與伯樂之間微妙的關係，往往是「愛恨交加」，又期待又怕受傷害。

如果，你正打算尋找一名「貴人」，以下是必須謹記的。

- **選一個你真正景仰的人，而不是你嫉妒或嫉妒你的人**：絕不要因為別人的權勢而想搭順風車。
- **釐清貴人提拔你的動機**：有些人專門喜歡找弟子為他做牛做馬，用來彰顯自己的身分。萬一出了事，這些徒弟很可能成為代罪羔羊。
- **要知恩圖報，飲水思源**：有些人在受人提攜，功成名就之後，往往就想雙手遮掩過去的蹤跡，口口聲聲說「一切都是靠我自己……」，絕口不提別人對他的幫助。如果你不想被別人指著鼻子大罵「忘恩負義」，千萬別做這種傻事！

▋鎖定幕後人物

常言道：「射人先射馬，擒賊先擒王。」在戰爭中，突然襲擊敵人的指揮機關，捕殺敵方指揮人員，可以使敵人立即陷入群龍無首、不擊自潰的困境，這是克敵制勝的法寶。

同樣，在晉升機會來臨的時候，要想夢想成真，就要針對關鍵人物下工夫，突破關鍵人物這道關卡，謀求關鍵人物的贊同和協助，這樣問題往往就會迎刃而解，勢如破竹了。

說到「關鍵人物」，人們往往首先會想到這是指主管人員或高層負責人。是的，主管或負責人的想法對解決問題有著十分重要的作用。俗話說：「上面動動嘴，下面跑斷腿」，具體地道出這種影響的威力。與其說破嘴和第一線辦事人員交涉，再心急火燎地等待辦事人員向上級主管請示彙報，不如想方設法直接向相關主管申請洽談。這樣或許能爭取到當場拍板解決問題的可能性，至少可以減少輾轉獲悉上級主管審批結果的時間。

但是，關鍵人物不一定就是檯面上看得見的人物。正如光緒當皇帝、慈禧掌印璽，幕後人物往往才是真正的「權威人士」。民間所謂「全公司聽廠長的，廠長聽老婆的」，就是最通俗的注解。

因此，想要在晉升過程中穩操勝券，除了著眼於主管、經理等組織的正式負責人外，還應該爭取足以影響主管的非正式「權威人物」的支持和幫助。透過當事人或主管的親友故舊來說服當事人，成功的可能性則會大得多。

宋朝蔡京曾一度被宋徽宗罷相，落到山窮水盡的地步。但是他並不甘心就此退出政治舞臺，而是多方活動，以圖東山再起。

首先，蔡京暗中囑託親信內侍求鄭貴妃為自己說情，又請深得徽宗信任的鄭居中伺機進言。一切妥當之後，蔡京再讓自己的黨羽直接上書徽宗，大意是為他鳴冤叫屈，說蔡京改變法度，全都是秉承聖上的旨意，並非獨斷專行。現在把蔡京的一切都否定了，恐怕並不是皇帝的本心。

這些意見的要害是把徽宗牽了進去。徽宗見表章，果然沉吟不語，但也沒批覆。這時鄭貴妃發揮枕邊作用。她本是識文斷字之人，早已看到表

章的內容，又見徽宗的這種表情，就順勢替蔡京說了幾句好話，徽宗便有些回心轉意了。

第三步是請鄭居中出面。鄭居中了解內情後知道時機已經成熟，便約了自己的好友禮部侍郎劉正夫，兩人先後晉見徽宗。

居中先進去向徽宗說道：「陛下即位以來，重視禮樂教育，欲行居養等法，對國家和百姓都很有利，為什麼要改弦更張呢？」一席話隻字未提蔡京，只把徽宗的功績歌頌一番，但暗中褒獎的卻是蔡京，因為肯定前段朝政的英明就等於肯定了蔡京的正確。，

劉正夫又進去重複補充一遍，醉翁之意不在酒，弦外之意不在言。徽宗聽了心裡很舒服，終於轉變態度驅逐劉達，罷免趙挺之的相位，第二次起用蔡京為相。

盯住主要目標，全力以赴，固然很重要，但是對於目標周圍的那些「邊緣人物」，也要多多花費心思，有時甚至能起到意想不到的作用。他們可以順利地把你送到權力的彼岸。

▍擺平你的同事

組織有如一個金字塔，越往上的職位空缺越少。因此每當有一個職位空缺，就有許多競爭者擠得頭破血流。在此情形之下，想掌握同事們的心，是件極端困難的事，更何況是透過探明同事的想法，助自己達成夢想。

俗話說：「讓人三分，是為善之本。」如果能一面對同事懷著這種寬大的胸懷，設法了解他的心思，一面觀望時機，捷足先登，比同事晉升得更高、更快，也並非不可能。在不違背自己的道德倫理觀念的原則下，達成晉升的目的，絕非困難之事。所以，在這裡所要敘述的重點，就是如何不使用詭詐的謀權術，而秉承為善之本，達到事業上的成功。

　　那麼，掌握同事的心為什麼那麼重要呢？答案很明顯。

　　機會到來，你可能晉升，你為了要讓這種可能變成事實，首先必須讓你的同事們承認你有資格成為他們的新上司。再說，如果要讓你的同事佩服你，願意為你效勞，他們首先也得對你的為人處事心服口服。說不定，人事單位在提升你之前，會先徵詢同事們的意見：「你們肯替他工作嗎？」同事們的反應雖不會直接左右人事單位的決定，但還是會被列為人事考核的參考資料。假使人事單位所得到的答案是：「要我替他做事，想都別想！」那麼，即使你順利地晉升，將來也無法如願地管理你的部屬。

　　所以，你能否順利晉升，全看你是否掌握了同事的心，使你的同事願意全力支援你，因此絕對不可疏忽在這方面的努力。

　　想掌握同事的心，首先要做的就是探知同事的意願，接著由你來幫助他們達成心願。表面看來，為競爭勁敵鋪路，似乎荒謬到了極點，簡直不可能。但是此中自有其奧妙，你不要因此就想放棄。

　　首先，為了真正了解每一位同事，必須先籌畫一番，好好研究同事的心理，遇到疑問，就不厭其煩地向人討教。多多觀察他們的言行舉止，必要的時候，在很輕鬆的氣氛下與他們接觸，例如和他們一起用餐等，借機會觀察他們。

　　另外準備一本筆記簿，開始針對每位同事，做科學性的分析。然後就對他們的了解，回答下面幾個問題。這時候，你不必心存愧疚或罪惡感，因為你所用的是正大光明的方法。如果你答不出來，就繼續觀察他們的舉動，傾聽他們的談話，久而久之，你就可以找到答案，然後才能決定下一個步驟。

　　此處所列的問題，只不過是其中的幾個例子。但至少能提供給你好的構想，啟發你找到安撫同事順利晉升的最佳方法。

- 同事對目前所從事的工作有何期望？
- 此人在組織裡的最終目標是什麼？
- 他的私生活如何？他在公司裡所渴望達成的願望中，有哪些是能順利達成的？
- 他有沒有特別的興趣？如果有，是些什麼？
- 他和上司、同事、部屬間的人際關係如何？

經過嚴密的分析之後，你總算了解同事的欲望與要求了。但是，要暗中說明他達到目標，滿足他的需求，該從何處著手呢？首先，你要將同事的需求按優先順序排列出來。想要有條理地把各種要求列出，必須應用ABCD 法。

A——緊急。此項完成以前，其他項目必須暫時擱下不管。

B——最重要，但未到緊急的程度。

C——很重要，但可以稍緩一下。

D——不太重要，可暫緩實行。

以這種方法，找出同事的 A 項的需求。然後站在同事的立場，幫助他達成最緊急的要求。

在 A 需求達成之前，必須先考慮 B 需求。等 A 需求圓滿達成後，再把目標移向 B、C、D 各項需求。當然，越往後的工作會越簡單。

只要你滿足了同事的 A 項需求，你的計畫就已經步上了軌道。同事也會留意到你所給予他們的幫助，開始對你表示友好，並願意為你做事。

只要略微使用策略，就能實現同事所提出來的構想。而且，你平時稍微表現出拔刀相助的意圖，同事遇到困難，便會主動向你求救。你再善用「手腕」，使他的構想實現，為他排除眼前的障礙。如此，同事除了一方面敬佩你的才能，另一方面又對你懷有感恩之心。

例如，有位同事草擬一份業務報告書，其內容雖然很有價值，但是卻無法迎合經理的胃口，可能不會被接受。

這時你要說服同事改寫報告。你可以告訴那位同事，他的報告條理分明，只可惜語氣過於尖銳，如能稍微更改，就十全十美了。你的同事就算再固執，也會接受你的忠告，並且對你感激不盡，因為你幫助他使得構想實現。

又假定有一位同事寫了申請書，想申請購買一部新機器，以長遠的眼光來看，使用這部機器一定能為公司節省許多經費，而且辦公室的工作也會更加順利。然而，董事長宣導節省經費，不過是數星期前的事情。所以，那位同事非常懷疑自己的申請能否獲准。於是，你運用腦筋勸那位同事在申請書上註明：「這臺機器將在與董事長有交情的那家公司，以最低價格購買。」終於，該同事的申請被批准，而你再次使同事的構想成了事實。

你幫助同事完成他們的目標，或對他們施恩，絕不可過度期待對方的回報。當然，期望對方的感謝並無不可，但不可奢望實質的報酬。要把你對別人的恩情善加保留，到你準備達成自己首要需求時再做最大的利用。不過，你需要對方的回報時，要試探性地走近他們，悄悄地暗示他們。否則，如果你的聲勢過於浩大，對方可能會嚇得逃之夭夭。

現在，一切都進行順利，你已經確認了同事們的需求，並著手說明他們達到了目標。下面要做的就是對他們的需求排定順序，並隨著他們所需求的內容，多方傾聽他們的談話。

你在眾人皆仰賴你的情況下，儲存了許多的「籌碼」，這些籌碼到你需要同事的說明時，隨時都可兌現。只要你不浪費籌碼，不久就能累積成大筆的財產。而且，也為自己鋪好了一條平坦的晉升之路。

第四章　競爭脫穎而出

在職位的競爭上，最好不要使用暗箭傷人的手段，因為你的上司不是一個傻子，何況暗箭傷人即使一時得逞，日後也總會有被揭露的一天，那時你的老闆及同事與下屬將如何看待你這個殘忍無情、不值得信任而且可能會危及公司利益的人？

其實競爭未必是件壞事。如果沒有競爭，運動員會為奪冠而努力嗎？公司裡的人會這麼努力工作嗎？如果你只注意競爭，而忽略了其他事情，競爭就會變成障礙。

問題的關鍵在於，應該讓競爭者助你一臂之力，將晉升的阻力變成助力，但如何做到這一點呢？

- **向他求助**：如果你遇到難題，而某位同事能幫你忙，為什麼不向他求助呢？只要你願意幫別人，別人也會願意伸出援助之手。

- **如果你的對手因幫助你而能獲益，他會很願意出力**：所以你要好好考慮，如果別人幫你忙，你有可能也幫他一下。例如寫封信給老闆，向他推崇你的對手，因為他在你的工作計畫中拔刀相助。

- **永遠不要讓你的對手難堪**：許多人看見對手做錯事時，就落井下石。問題是你也有做錯事的時候，到那時，你可願意別人利用這個機會報復你？

如果對手成功而你失敗時，該怎麼辦？你要微笑著接受這件事，並加緊努力工作。假如你要改變工作計畫，要弄清楚你為什麼改，並在下決定時保持清醒的頭腦。

即使你打了一場小敗仗，也仍有可能在大戰爭中獲得最後的勝利。

▌順應不同的晉升方式

升遷的方式有很多種，如：選舉、民意調查、輿論、招聘、推薦等等。這些不同的晉升方式，其要求的側重點都不同，晉升者需學會順應它。

▶ 仰賴群眾選舉，要創造良好的聲譽

現在群眾選舉已越來越普遍，對個人的晉升也越來越重要了。選舉對一個人的升遷有不同層面的影響：

- 群眾選舉是證明一個人的威信大小的證據。
- 群眾選舉是在廣泛的基礎上對人才的檢驗，有一定的真實性，也有篩選性、競爭性。因此，要爭取多數選票，才能順利晉升。
- 在選舉中要塑造好自己的形象，開放的人較受歡迎。
- 選舉的標準是一個人的能力、成績、人緣、為群眾謀利益的積極性如何等等各方面因素。
- 生活作風、群眾關係、精神風貌、人品也是獲得選票的重要因素。
- 制定一個全面、具體、可行、針對性強、有創意的施政綱領至關重要。所以，想以此為晉升路徑的人平時要深入群眾，了解群眾的呼聲和利益。

▶ 寄希於民意調查，要建立良好的形象

民意調查是上級任命選擇人才的重要參考手段，因此必須了解民意調查特點：

- 民意調查是對被選舉者的初步檢驗，是重要的回饋資訊。被選舉人可以根據這種回饋資訊對自己做適當的調整。

- 民意調查是非正式的，其參與價值有限，也不必過於注重它的結果。
- 民意調查主觀性強，不太正規。

▶ 藉由輿論推動，要在能力和政績上勝人一籌

輿論對一個人的晉升有至關重要的作用，尋求晉升者要用自己的政績、能力、言行來影響輿論。

切記要掌握輿論使之和諧且自然，因為輿論發生正面作用，是比較緩慢的，為爭取輿論而用一些拙劣、虛偽的手段是愚蠢的。因為輿論具有時間性、敏感性和易變性，如果你想讓輿論一下子把你捧上天，那麼輿論的謊言一旦被揭穿，你會摔得很慘。

輿論與主管想法一致時效果較好，而輿論與主管想法不一致時，就必須具體分析。主管考慮一個人的升遷，同時要考慮一個人是否真正有能力、有業績，相較於輿論主管要考量的更多。如果這個人輿論評價好，但能力差，也不會被提拔的。如果輿論對一個人宣傳得太誇張、太突出，也不會讓主管喜歡的。

因此，不可過度誇飾和渲染個人的績效，同時也不要玩弄、欺騙輿論。

▶ 考試錄取後，要追求在工作上出類拔萃

透過考試方式擇優錄取人才的方法現在已十分普遍，這也給人才更多地表現自己、走向成功提供了機會。

考試錄取一般有公開性、競爭性、直接性的特點。因此，追求晉升者使用投機的方式是不可能成功的，要取得成功，自己的養精蓄銳、綜合能力和個人特質以及實務經驗都具有相當大的影響。

考試錄取人才通常不是直接錄取，還要透過選舉和委任來任命，通常

是專業技術人員中的管理者、總經理祕書、助理等等。

考試對追求晉升者也有缺點，有的人能力強，但不一定善於考試；有的人考試成績好，但不一定能在工作中表現出色，所以許多單位採用考試、聘任相結合的辦法。在考試通過後，再進行一段時間的實際考察，看是否勝任，再決定是否錄取。

- 考試不能靠突擊，臨時抱佛腳作用不大。
- 基礎扎實的人也應在考前釐清考試的題型、出題規律，同時還應注意考試的心理狀態。
- 要重視考試，不能迴避、敷衍考試。

▶ 透過推薦委任，要尋求在人際關係上有所突破

推薦是推薦委任的關鍵，一般推薦有幾種：單位推薦、群眾推薦、側面推薦。前兩種是下屬向上司的自我推薦，後一種推薦則是了解某人的單位或個人向被推薦者上司或向一個新的單位推薦。上司根據推薦進行考察合格後方可委任。

主管往往根據工作的特殊需要，如某個職位、某項工作、某項職務缺乏某方面的專業人才，而選擇、選舉中暫時又難以發現這方面的人才，就只有透過推薦。被推薦的人也具有某方面的特長，當然考察時還要測試這個人的綜合能力和基本技能。

在當今社會中，由於人才機制的改革和人才流動政策的實施，內部推薦越來越重要。跨公司、跨行業、跨部門、跨地區的人才流動，都需要內部推薦。想要妥善地利用內部推薦，就需與推薦者維持好關係，還要注意資訊流通，使自己的才能被推薦者發現，因為一般推薦的人比被推薦的人了解情況更為全面。

第四章　競爭脫穎而出

▶ 招聘錄取，要借重學識、經驗上的優勢

當今社會，公開招聘錄取人才已越來越普遍，你有必要了解其步驟：

- 在招聘單位公開刊登的招聘廣告中，對招聘工作的性質、業務範圍和應徵人才的學歷、資歷、業務、年齡等方面都有一定的要求，同時還寫出服務地點、時間、錄取程序及被錄取後的待遇和權利。

- 考核。應徵者先向招聘單位提出申請，然後交上自己的履歷（包括學歷影本、資歷證明資料、學習成績或業績的證明資料），再參加筆試、面試，考試一般包括基礎知識和業務知識。

- 根據考試成績篩選，通常經過招聘小組進行討論，有時還有複試，最後確定被錄取者。

- 被錄取的人與招聘單位簽合約。合約內容包括職務責任、工作要求、工作條件、待遇和任用期限。合約有關法律效力必須經過雙方簽字蓋章和公證機關的認可，雙方如對對方不滿意，均可終止合約。

招聘錄取體現了公平競爭，排除了後臺、主管個人的愛憎好惡、偏見等不公平競爭因素，但也有局限性，有的人學歷高，但沒有這方面的工作資歷，就不能參加應徵；有的人業務能力強，但學歷不夠，也被排除在應徵行列之外。

應注意：由於合約規定的權利、義務在一定時期內有法律效力，在此期間不能終止合約，所以要慎重考慮才能做決定。

活用各種晉升技巧

晉升技巧林林總總，非常之多，常用的有效方法如下：

▶ 敲山震虎法

最典型的辦法是「敲山震虎」法，拿一張別的公司聘書來跟你的老闆攤牌：「不讓我晉升我就走」。如果公司真的需要你，就不得不考慮重用你。不過，在使出這一招殺手鐧的時候，你必需有十足的心理準備，騎虎難下時，你可能真的隨時要走。敲山震虎、挾外自重常是很有效的方法，可也是很危險的牌。

你必須很清楚自己手上有什麼，知道上司要什麼才行。須知，稍一不慎反而要吃大虧了。此外，你跟上司攤牌的方式也大有講究。如果你拿著外面的聘書，大搖大擺地走進老闆辦公室，直接了當地說：「你不給我加薪，我就走」。十之八九，你就只有走人一條途徑了。上司是不會輕易接受這種威脅的，你必定要按照一套比較客觀的升遷和加薪方法，採取比較婉轉適宜的行動。

▶ 借梯上樓法

一個人在事業上要想獲得晉升，除了靠自己的努力奮鬥外，有時還要借助他人的力量才能扶搖直上。一般來說，無論引薦者的名望大小，地位高低，只要對你的成功有所幫助，他就是你登上高處的基石，他的威信和影響對你都有用處。

▶ 鳳尾雞頭法

在職位上，有「鳳尾」和「雞頭」之說。有的人寧可當鳳尾，不做雞頭；有的人寧做雞頭，不當鳳尾。一般來說，一個人在原單位、原部門被

提拔到主管職位，難度是比較大的。但是，想進入決策機構，不一定非得在原部門實現自己的願望。你可以在適當的時機，向領導者提出到基層單位做一個「雞頭」。

▶ 先抑後揚法

這種方法是在晉升前先放下身分和架子，甚至讓別人看低自己，然後尋找機會全面地展示自己的才華，讓別人一次又一次地對自己刮目相看，使自己的形象慢慢變得高大起來。

▋如果升官的不是你

為做好工作你廢寢忘食，為晉升你絞盡腦汁，然而最終的結果是晉升的不是你。這真叫人傷心。

在和工作有關的挫折當中，該提升而未獲提升這種現象是很普遍的，但專家指出，事情發生之後，日子還得過下去 —— 而且你可能會有較好的日子過。當然，經過打擊後，你需要一段時間才能痊癒。不過，許多人後來發現，這種經驗對自己有振聾發聵的效用。

如果這件不妙的事降臨在你頭上，你該怎麼辦呢？

一旦消息得到證實，就去向新升任的人道賀。別談那些無關緊要的閒話，要談將來。因為將來你有可能成為這位幸運者的下屬，所以最好儘快跟他建立新關係。

西元 1970 年代末期，奇異電子（General Electric Company）的高特和其他六七個主管共同角逐執行長 (CEO) 的位置。他在得知自己失敗時，打了電話給另外三位進入決選的人，「我恭喜他們，並祝他們順利，」高特回憶，「當時我是公司的大股東，所以我還請他們務必努力工作以保障我

的權益。」雍容大度的高特很快在別處大展身手，他當上了另外一家大企業的 CEO。

等你公開向對方道賀後，再回到自己的辦公室閉門深思。如果你發現情緒正在大起大落之中，代表對你正在經歷的痛苦是具有療癒作用的。

美國西北大學管理研究所教授康明斯發現，控制一個在升遷中受挫的人反應的幾項關鍵因素：

- 你有沒有料到會遭受挫折？如果已經料到，也許就不至於那麼痛苦；如果是出乎你的意料，就要問「為什麼」，是不是公司給了你錯誤的資訊？或者主管把你遺忘了？
- 在你的事業和生命中，你目前處在哪個位置？重點不在年紀老少，而在於你有多少其他的選擇。如果你有別的發展 —— 不管是調到別的部門、提早退休或另謀高就，就不會覺得全無指望。
- 你認為是什麼原因使你該升而未升？是你自己還是環境使然？如果你認為是自己工作不力而未獲晉升，當然會更痛苦。
- 家人、朋友是否支持你？假如你不能對配偶或其他人提及你的痛苦，麻煩就大了。

晉升失敗對自我可能是一大打擊，但應該弄清楚這次打擊對你的事業有多大的傷害。聰明人會了解其中的差異。雅芳化妝品公司（AVON）的總裁華特龍，回憶以前在奇異電子角逐收音機部門經理的失敗經驗，他安慰自己，只要努力，在奇異電子還有許多部門經理的機會，果然，3 個月後電唱機部門的經理職位出缺，華特龍終於成功了。

當你在評估「未受晉升的打擊」對工作的影響時，要盡可能找出答案 —— 為什麼他們用別人而不用你。重新評估最近的工作表現，也許你的主管一直傳達給你某種資訊，只是你沒有注意到。找公司裡的同事，請

他們坦白告訴你，你的表現到底好不好，但別把話題局限在工作上，試著考慮別的可能性，也許失敗和工作表現無關，而是因為主管比較喜歡那個人。

在去找主管以前，先以公司利益為著眼點，擬好要說的話。例如：「我一直盡全力為公司工作，要怎樣才會做得更好？」

在剛開始問問題時用點迂迴的技巧較好：「以專家的眼光來看，你覺得做那個工作的人需具備什麼條件？誰來決定人選？」也許真正的決策者不是你的主管，而是比他更高階層的人。慢慢再把問題縮小到核心：「為什麼是那個人得到工作而不是我？」

這個問題不一定能得到真正的答案，萬一真正的理由錯綜複雜，你的主管可能會設法把他的選擇合理化，例如，吹噓你的對手有的那些經驗正是你缺乏的，而那些經驗是工作上絕對需要的。

這時候，你可以提一些「可能存在主管心中，但他不便主動提出」的問題：「我的表現太差嗎？或者太自我？我有沒有做錯什麼事？」他會答：「喔，既然你提到這件事，我就順便說，以後你如何如何做會比較好。」最後，千萬別忘了問：「將來我得到晉升的機會有多少？」

參照你所得到的答案，開始擬定後續計畫，提醒自己針對遠端目標來考慮，這次遭遇到底是無法挽救的失敗，還是一個小小的挫折。假如這已經是第二次，那麼你要深思，自己是否被「雪藏」了。

有一些人甚至建議，第一次遭雪藏時，要做辭職的打算，第二次再發生時，就真的該走了。

另外，還要考慮這家公司是不是很值得而且適合你待下去？你有沒有得到公平的待遇？被晉升的人是否得到你敬重？當你完全了解被晉升前應具備的那些因素後，還願意努力去爭取嗎？

當然，別忘了自問：對我而言，所謂成功就是在公司中不斷往上爬嗎？你必須試著去了解，成功的形式絕不只一種。

要達到這個境界並不容易，因為想在競爭中脫穎而出，受到晉升的欲望深植人心，所以遭到失敗的痛楚才會那麼強烈。

▌晉升競爭五戒

我們宣導的晉升競爭，並不是一種盲目的角逐。應該承認，沒有哪一個人在晉升競爭中有百分之百成功的把握。如果有的話，該競爭就不能稱之為競爭了。

年輕人有必要學會規避下列情況下的競爭，這有助於保存實力，不作無謂的角逐。

▶ 戒過早捲入晉升競爭

年輕人在晉升競爭中，要適當克制自己的欲望，不要過分衝動地把自己的急切之情溢於言表，也不要過早地捲入這種競爭之中，否則將給自己的工作帶來不利。

- **過早地捲入晉升之爭，容易成為眾矢之的**：有句俗話說：槍打出頭鳥，說的也就是這個道理。因為，在這種情況下，人們往往總是希望自己的敵人越少越好，自己的競爭對手越少越好。所以，誰要是先出頭，無疑會首先遭到攻擊，這是必然的。其實，我們不妨看看所有的競爭過程，實際都存在一個普遍的規律：淘汰制。也就是說，它是透過不斷淘汰來實現的。而這種淘汰又往往是以某種不太公平的方式進行的。它不像在體育比賽中有一定的分組。而且，即使有一定的名額分配，也存在著機遇的問題。在無法掌握的狀況下如果晚點再行動，

觀察得更仔細一些，往往成功的可能性也就越大。

- **過早地捲入晉升之爭，會在競爭中處於不利的被動境地**：如果你過早地捲入晉升之爭，就會過早地暴露了自己的實力，也同時顯出了自己的缺陷，以至於在競爭中往往處於不利的被動境地。在一般的情況下，人們在競爭初期總是十分謹慎的保護自己，做到盡可能地不露聲色。這樣，便可以使自己較好地避免在競爭中受到別人及對手的「攻擊」。正如兵書上所說的那樣，自己在明處、對手在暗處，此為大忌也。相反，盡可能地忍讓、克制自己的欲望和衝動，便可以起到後發制人的作用，可以在知己知彼的情況下，獲得競爭中的主動權。

- **過早地捲入晉升之爭，會使自己的行為陷入被動**：如果你過早地捲入晉升之爭，就不容易了解整個競爭情況，使自己後面的行為陷入被動，這種情況常常出現在根據自己的了解和判斷，覺得自己的條件在各方面與其他競爭對手比較，有取勝的可能，於是，便當仁不讓地衝上前去。其實，我們很可能並不真正了解所有競爭對手的情況。俗話說：「真人不露相」，說不定在你身邊就有高人呢。如果這樣，你的判斷只會使你陷於不利的境地。聰明的人在這種競爭中總是會首先仔細地反覆觀察，對比自己與對手的優勢和劣勢，經過反覆權衡之後，決定自己該如何做。一開始，別人通常並不會表現得非常明顯，你在資訊不對稱的情況下做出的判斷會帶有片面性，也潛伏著危機。冷靜的態度常常可以使我們做出一些比較客觀的判斷。而一旦發現自己在某次競爭中並不能有把握取勝，或者不可能取勝，那當然可以暫時瀟灑地放棄了。

▶ 戒揚短避長進行職位競爭

如果你透過競爭得封的職位並不符合你的專長，你在這個職位上，很可能會無法發揮自己的一技之長，這種得不償失的晉升是值得認真考慮的。

如果這種晉升機會對你來說不是揚長避短，而是揚短避長，那麼實際上你會失去今後更多的機會，同時也會使自己已有的才華和能力逐漸退化。

在自己所不熟悉、不適應的職位上和環境中工作，在自己不擅長的業務上暴露了自己的短項，而埋沒了自己的長項，對這種情況就需要加以慎重考慮。

某間公司有一位研究人員小葉，他所研究出來的新產品曾使公司逃脫瀕臨倒閉的境地。雖然他缺乏組織能力和人際互動能力，但在該公司高層的推薦下，仍被晉升為該公司的總經理，前兩年，由於公司那位德高望重的高層積極支援他的工作，使他能夠避開一些紛亂的行政事務和人際關係，集中精力研究新產品開發工作，因此整體的經濟效益是不錯的。可是，當該高層人士退休之後，情況急轉直下。在單位內部有一個副經理，他因為個人升遷受到了小葉的阻礙，而對小葉心存芥蒂。後來，在產品銷售問題上，又因為小葉不同意銷售處長提出的「回扣」方案，導致了銷售人員的不滿。這位副經理與銷售處長聯合起來與他作對，使公司產品的銷售額日見下降，市場悄悄地被別的廠商占領了。在這時如果小葉急流勇退，辭去工作，繼續做他的科學研究，仍不失為明智之舉。可是，他把自己做研究的執著不合時宜地用在了職場上。他當著眾人的面批評了這個副經理和銷售處長，接著又解聘了幾個不合做的中階主管，於是，形成了兩派對峙的勢力。開始有人向上司告狀，後來要求上司撤換他。在公司業績日見低落的形勢下，上司不得不重新選聘經理。結果竟是那位被他批評過

的副經理受到聘任。小葉覺得心中咽不下這口氣，生病住進了醫院。最後，因無法解脫自己的「心病」，致使病情加重，半年之後竟病逝了。

▶ 戒與強硬後臺者競爭

由於利益迴避規則，直接把自己的親屬、兒女、學生安插在自己身邊做事的現象現在已不多了。可是，上層大人物硬派來的、透過關係以交換的形式安插人員的現象還是時常發生。一般的裙帶關係，他們要的僅僅是一個位置或一個飯碗。可是，有一些特殊的裙帶關係，他們不僅要占一個位置，要端一個飯碗，還要搶先升遷，要求各種特殊待遇，使別人奮鬥幾年甚至十幾年的成果毀於一旦。遇到這樣的情況，我們應該提醒主管注意影響，並號召群眾加以抵制，使他們的欲望有所收斂。但是，如果你的主管為維持關係，尤其是還想利用這種關係來鞏固自己的地位，而你目前的力量還抵制不了這種不良現象，你就得暫時先避開他們。

有時，一些主管新到一個單位任職後，為了順利地實施自己的一些工作方略，常常把自己原來比較得力的老部下調到身邊來擔任一些重要職位。這類事情，雖然算不上是什麼裙帶關係，但是，這些具有「老關係」的人被主管信任的程度是大大高於我們的。而且由於他們熟悉主管的工作方法和特點，在競爭實力上當然是占有優勢的。在這種情況下，我們採取適當迴避的方法則是上策。

▶ 戒在貪財的主管面前與重金行賄者競爭

由於現在社會的法制和輿論監督機制的日趨完善，明目張膽地行賄受賄已不太可能。但是，一些人使用其他名目，行賄受賄的方法還是五花八門的。比如，企業開產品鑑定會時，若甲企業把高階主管列入「專家」冊上，發放諮詢費時主管拿得比專家還多；而乙企業只是給主管準備一份講

稿，使主管別無所獲。如果這位主管是個貪財愛占小便宜的人，乙企業在競爭中將必敗無疑。

在當今社會，如果和你在職位上相互競爭的是一位比較謹慎的變相行賄者，你的主管對此不以為然，而以你目前的力量還抵制不了這種不良現象，那麼，我們這些不諳此道的人只有暫時先甘拜下風退出競爭陣地，而把更多的精力用在我們的工作上了。

▶ 戒在輕浮的主管面前與風騷的異性競爭

雖然傳統文化的積澱厚重，可能是由於「愛美之心人皆有之」的本性使然，在選拔政府官員或企業管理人員時，領導者總是優先選擇那些具有漂亮容貌的人。所謂目測、面試，便有以貌取人之意。一些長相好看的年輕人，總是比那些容貌一般的競爭者更有被優先錄取的機會，這已經是為大家所普遍認知的事實。如果主管正正經經做人，規規矩矩做事，我們的容貌和形體就會幫助我們取得成功。如果我們以此為本錢，作為討好異性主管和貶低同事的條件，那麼，這方面的有利條件就有可能把我們引向人格的負面。當然，不可否認，透過這種管道也可能在仕途上取得「重大」的成功。因此不得不提醒那些仁人君子，當一些人運用「性」的魅力進行負面競爭時，必須加以提防。如果你的領導者是個風流人物，對異性的誘惑來之不拒，而你既不想、又不能在這一方面與他（她）們一較高低的情況下，不如乾脆退出競爭，及早讓步。如果你的身邊有漂亮的異性同事，並且和你形成工作競爭關係，你不妨觀察一下他（她）們的品格。如果他（她）們是正派人，當然可以相處下去；如果他（她）們想運用異性的力量與你展開激烈的競爭，你還是早一點避開為好。

眼看與你同時進單位甚至比你晚一些進來的同事升官的升官，加薪的加薪，你卻原封不動，這是怎麼回事？也許你因此而百思不得其解，甚至

怨聲不絕。出現這種情況，你有沒有想過從自身來尋找原因？當然，這種情況發生在你的身上，不一定是你的能力不足，而有可能是你的人際關係不夠好。如果你的人際關係不好就會阻礙你在職場上的晉升，這是殘酷的事實。為了以後的發展，請你細心閱讀下面的幾點，這些可能是你停滯不前的原因：

- **覺得把分內工作做好就夠了**：工作能力、效率、可信賴的度，甚至你的學歷，都不會是單一指標，也不會是最重要的。無論你是老師、護士、會計或祕書，工作環境本身是由人組成，那麼各人就會有各人關心的事務與優先順序。學習如何調節與上司或同事之間的重心，這就是所謂的辦公室政治。不管你如何憤憤不平，你在這公司的前途，從如何面對小爭執如怎樣擺放文具，到大事情像這個月誰多休一天假等都有影響。

- **不理會謠言**：謠言是公司的生命力，很多事情的跡象是由此開始，是山雨欲來前的風向標，即使謠言的很多細節都不對，但是無風不起浪，你可以推測出些端倪。比如說，有人看到最近你們公司的競爭對手與總經理開會（一個人說不算，至少等到有三個人都知道這件事再說，如果你急著傳話，別人知道這些消息是你傳出去的，下次你就不會聽到任何消息了）。雖然，你並不喜歡搬弄是非，然而有時你也得說些小道消息，一副沒有興趣的表情會讓人以後對你敬而遠之。大原則就是，你有興趣聽，但不要讓大家都認定你是廣播電臺。

- **認為同事可以是患難知己**：幾個月下來，小玲對你的家務事清清楚楚，她聽到你媽媽在電話上嘮叨，知道你叫朋友的暱稱，再加上你們形影不離（上班時間），吃午餐時通常是你傾吐心事的時候。這一切讓你感覺能交到這麼貼心的朋友真好。但是如果三個月後，你升官加

薪，而小玲沒有，更巧的是，你成為她的上司。這時，你想，身為你的最好朋友，她應該會替你感到高興吧！希望如此。但是，權力與金錢常常會改變許多人的想法，尤其是關係到個人的前途。如果小玲不再是你的朋友，你這時可能會開始擔心以前透露的所有祕密。

■ **輕視你的對手**：大部分人認為朋友給我們最大支持，對手企圖傷害我們，因而不去理會他。事實上，不理會你的對手是做不到的，你的對手恨不得你馬上垮掉，因而他們總想抓到你的「小辮子」，你一出錯，他們馬上指責，不會保留，他們攻擊你最脆弱的地方以致一敗塗地。所以正視對手的著眼處，會讓你可重新修補盔甲，彌補缺點，下次他們再來，你已經氣定神閒，準備好了。

■ **常常很露骨地拍上司馬屁**：有些上司希望聽到所有角度的資訊，但是大部分的主管卻不會，他們也是普通人，也就是說，他們寧可聽到好消息而不是壞消息。其實，這就是阿諛奉承，拍馬屁，只是有技巧與心意的區別：經理您今天看起來好年輕。這種話討好痕跡是很明顯的，上司不是笨蛋，你昧著良心的話他也聽得出來，這會讓他在心底深處瞧不起你。正確的方式是：你要找出他真正讓你佩服之處，然後適時讚美，就像你的父母誇獎你房間很乾淨，當你考滿分時學校老師誇獎你一樣。「經理，你昨天的處理方式真好，讓我們能夠把任務順利完成，多虧有你出面。」

▍晉升規劃的迷思

當一個人在做一項切實可行的職業規劃時，首先要解決的是：千萬別踏入職業規劃的迷思。

第四章　競爭脫穎而出

▶ 迷思一：我的目標就是當總裁

不少人相信「不想當將軍的士兵不是好士兵」這句話。其實,現實生活中的情況是,將軍的位置很少,如果大家的目標都是當將軍,那麼這種主觀願望就會與客觀條件產生差距,因而使你在執行計畫時產生許多挫折。這並不是讓你目光短淺,而是讓你意識到眼高手低不會有什麼好處。因此,制定職業規劃時要從實際出發,切實可行。

▶ 迷思二：能做好下屬就能做好主管

有人認為,只要把本職工作做好,就可以升任主管。其實不然,優秀的運動員不一定是好教練,一些表現優異的工程師、銷售人員等升任主管後卻表現不佳,這是因為主管還需要工作以外的條件,如決策能力、協調能力、領導能力等。所以,在某個職位做得好,並不表示在其他職位也做得好,你必須事先多多加強你的各方面能力。

▶ 迷思三：成功的關鍵在於運氣

很多人堅信成功者是由於有好的機會,因此,他們被動地等待命運的安排,而不去主動地計畫、經營,努力掌握自己的生活,這種人只能守株待兔,更不用說有好的工作了。

▶ 迷思四：做計畫是別人的事,與我無關

職業規劃是組織和個人雙方都參與的事,最終的實現者是個人。因此,你不能抱著做一天和尚撞一天鐘的態度來對待自己的未來。

▶ 迷思五：只有加班工作,才會得到賞識

有些人以為在單位待的時間越長,越能顯示自己的勤奮。其實,工作的效率和業績是最重要的,整天忙碌但不出成果,並不是一個有效的工作者。

▶ 迷思六：由老闆決定升遷的快慢

如果過於迷信老闆對自己升遷的影響，你就會因為迎合他的好惡，妨礙自己真正的成長。如果自己失敗了，你就又會歸咎於老闆，而看不到自己的問題，這樣會使自己走入歧途。

▶ 迷思七：只有改正了缺點才能得到升遷

這種想法使人注意到自己的不足，而忽視了自己的強項。完成職業規劃要依靠自己的優勢，將自己的強項發揮出來後，再去試著糾正自己的弱點，揚長避短才能獲得成功。

▶ 迷思八：不管事大事小都要盡力去做

有些人總是說自己很忙，有做不完的事。其實這並不是充實的表現。由於事無鉅細，浪費了很多時間和精力，應該把要做的事列好計畫，分清輕重緩急，釐清先後順序。

▶ 迷思九：生活是生活，工作是工作，內外有別

有些人不願意自己的親人過問工作，覺得沒必要讓他們了解自己的職業規劃。其實，家庭的支援對於工作的成功很重要。另外，職業規劃也不要忽略了自己的生活樂趣。因為，工作和生活都是人生的重要目標。

▶ 迷思十：這山望著那山高

這種心態就是總覺得別人的工作更理想，因此總是羨慕別人，而沒有想到每一個工作職位都要建立自己的人際關係，面對新的矛盾和挑戰。不管什麼工作都是不容易的。因此，要客觀分析自己的工作，要有現實的態度。

永遠別陷入職業規劃的迷思，更不要把所有的雞蛋都放進一個籃子裡。這是每一個準備踏入職場的人都要做的充分準備。

第四章　競爭脫穎而出

第五章　領導得心應手

晉升為基層主管，是你平步青雲的第一步。升為主管，固然享有更大的權力與更多的自由，但同時也意味著承擔了更多的責任與義務。

新官上任如何服眾？如何承上啟下，指派部屬愉快地做好工作，圓滿地完成上司交代的任務？如何充實自己，以便更上一層樓？……

▌堅信自己會成功

當你步出你上司的辦公室，這時你雙頰微微泛紅，感覺渾身發熱，內心的興奮難以抑制……你剛才獲得上司的賞識，晉升為主管！

於是，你的同事都趕來向你道賀，有的握手祝賀，有的拍拍你肩膀，也有的會向你說：「做得好，我知道你的能力早晚會被上司肯定。你看，果然不錯吧？」

這時，先別高興太早，你必須冷靜下來，為明天（你當主管的頭一天）及早做準備。當然，最好是你有足夠的時間來思考一下你未來的工作目標，如何邁出第一步？明天踏進你的辦公室後要做什麼？你說些什麼？對誰說？這完全要根據你的這項新任命，也就是你的管理許可權和內容來決定。

我行嗎？相信不少新上任者都會有這樣的擔憂和疑慮。

一位著名的管理學家說：「一個不能說服自己相信能做好所賦予的任務的人，不會有自信心」。

這句話一點不假，你要知道你能做好某件事，然後你才有自信去做。但事實上，你也有失敗的可能。所以問題就是：在你還沒有嘗試做一件事以前，你如何知道你會成功？

下面，講一個有關美國德克薩斯遊騎兵的古老傳說：

在西元 1900 年代初，有一群橫行霸道的土匪占據了一個小鎮。他們槍擊酒吧，威脅居民，並將警長擄走。鎮長在無可奈何的情形下，只好發電報給州長，要求派遊騎兵來恢復公共秩序。州長同意了，並告訴他這隊遊騎兵會在第二天搭乘火車前來。

第二天，鎮長親自去迎接，令他不敢相信的是，只出現一位遊騎兵。

「還有其他的隊伍嗎？」這位鎮長問。

「沒有其他人了。」這位遊騎兵回答。

「有沒有搞錯！一個遊騎兵怎麼能治得了這一大群土匪呢？」這位鎮長氣憤地問。

「好了，這裡不就只有『一』群土匪嗎？」遊騎兵滿不在乎地說。

這個傳說並不見得百分之百的真實，但它根據的是一個事實：不到100名遊騎兵，保衛著整個德克薩斯州。儘管是一個遊騎兵執行任務，也從不畏懼對方的人多，他會看情況決定自己該怎麼做。他會平靜地引導和組織那裡的民眾，並指示執法人員採取行動。他們所遭遇的狀況幾乎是極度危險的，但遊騎兵習慣領導別人出生入死。

要想做一名稱職的主管，你必須像遊騎兵那樣，不管面對何種困難和逆境，都始終充滿自信心 —— 我一定能成功！沒有任何東西可以阻止我。

有句老話說：「沒有比成功更能導致成功。」這句話的意思是說，成功會製造成功；成功的人會變得更成功。換句話說，假若你在過去成功，就會有更大的機會在未來得到成功。

但在你沒有成功以前，你如何達到成功呢？這種說法像是雞生蛋、蛋生雞的問題。沒有蛋就不會生雞，但沒有雞又哪來蛋？

幸運的是，你可以在一次大成功前，先得到一些小成功。不要小看小成功，對於培養自信心，這些小成功和大成功同樣重要。因此，如果你能在做某方面的事上先贏得一些小勝利，你就會培養出一種心理：自信能完成更大的事情。

很多優秀的管理人就是這樣訓練出來的。，他們由於領導的團體越來越大，得到成功的次數越來越多，而培養出自信和自尊。每前進一步，他們相信自己會成功的信心就增加一點。正如我們所見到的，這種認為自己會成功的信心，是培養自信的要件；而自信又是成功的必要條件。

第五章　領導得心應手

一般人都會這樣想：這些管理者在工作上能有發展，是因為他們在每件事上累積了技術經驗和生產知識。不過，在如今這種技術專業化的年代，你不可能在你的工作上樣樣精通。也就是說，培養你的自信比專業知識更為重要。

美國有一位名叫嘉菲德的博士，是位業餘舉重者。有一段低潮期，他一連幾個月中都舉不出理想成績。最後他終於舉出他的最佳成績：125公斤。事實上，他在以前經常練舉重時，曾經達到過這種成績。

一位心理專家問他，現在他能舉起的最大重量是多少。他回答說，他可以舉起135公斤。最後他盡力向這一目標挺進，真的舉到了這個重量。據嘉菲德自己說：「那很難，真的很難，要不是氣氛刺激，我懷疑是否做得到。」

然後，這位專家要嘉菲德再次躺下，並且放鬆自己，同時要他做想像放鬆練習。然後一面要他緩慢地起來，一面在135公斤重量上又加上25公斤。在正常情形下，他絕對無法舉這麼重。他開始產生悲觀的想像，但在他還未在腦子中固定這些想像前，專家又開始請他做新的想像練習。

嘉菲德說：「他堅定而徹底地引導我做想像準備。在腦海中，我看到自己平躺在長凳上，看到自己舉起160公斤。」

出乎他的意料，他不但真的舉起了這160公斤，而且還覺得比以往要容易得多。

你可以用上述方法培養自己的領導自信。這些都是根據一個基本事實：在任何壓力和困難面前，你都要增強自信心，確保你在管理工作上取得成功。因此，你要從容易的小任務做起。拿出獅子搏兔的精神，小任務也得盡力而為，然後再進步到從事更困難的大任務上去。

你會突然發現：管理工作比你想像中要容易得多。

新官上任別急著燒火

別迷信什麼「新官上任三把火」，一定要燒，也先要從自身燒起。

▶ 你晉升為新任主管後，並非馬上就變成有能力的超人

人只是因為升為基層主管之後，比以前多了主管的職權和職責，如此而已。你不再像以前一樣，只要把自己分內的工作做好即可，你不但要把自己分內的工作做好，同時也要負責你的部屬把工作做好，這就是主管和非主管之間最大的差別。

▶ 你說的話，要比以前更為嚴謹

身為一個負有職責的基層主管，你的言行要比以前更為小心和嚴謹。如果有人問你某些有關與你工作上相關的事情，你不能再像以前一樣，非正式地或隨隨便便地回答，當你答了之後，如被誤解或造成困惑，你都要負責，不能以只是非正式或隨便說說為藉口。因此，在你說話的時候，你只有比以前更小心及嚴謹。

▶ 任何改革都等你進入狀況後再談

既然你已身為基層主管，你一定會有一些自己的看法和意見。你或許會覺得以前的某些做法和習慣有不妥及不合理的地方，為了實現自己的理想及觀念，你當然想改革，以改革來幫助你自己，以改革來實施你自己的理想及觀念。但是這時你得要注意，如何決定一個適當的改革時機便變得非常重要了，事務上沒有人反對你改革，只是要求自己對所有的事情進入狀況或了解後再進行改革，是對你個人及事情成功最有利的。

第五章　領導得心應手

▶ 試著提供意見及幫助你的同事

由於你剛晉升為基層主管，別人對你的印象及能力都不清楚。如何在你的適應期之內，試著以提供意見及說明你的同事的方式，建立起人們對你的了解及信任，是獲得肯定的好方法之一。

所謂提供意見，即是將你以前的經驗毫無保留地提供出來，作為你目前同事工作的參考。而最後對方是否完全接受你的意見，或者只採用一部分，甚至全部不採用，這些你都不必介意，你只負責誠心誠意地提供你的意見，如何採用則由對方決定。

給人幫助原本就是不應要求回報的。由於別人需要，你提供你所能付出的，如此而已。也只有這樣，你才能藉由提供你的意見幫助別人，建立你自己給別人的信譽及別人對你的印象。

▶ 入境隨俗但不流於俗

在每一個公司裡都有一些習慣和別的公司不同，或是你以前不曾見過或不以為然的。在你新任基層主管的時，在你要應對和處理事情之前，可以事先了解一下以前的主管是如何處理及應對的。他們的方式你能不能認同與接受？如果能的話，照著以前的方式處理就可以了；如果不能的話，問題就比較複雜了。

此時你處理的原則，最好先了解他們以前處理及應對的歷史和背景，在了解以後，再依據目前的狀況及你的認知，決定要如何處理和應對。在合法的狀況下，進行一些改革是有必要的。如果不合法最好是避免。非做不可的話，記得要附上說明。可減少一些不必要的誤會，也是新任主管要特別注意的地方。

▋轉變你的「官」念

談起管理，多少年來根深蒂固地延續著一套老做法，經常像呼吸一樣地自然表達出來，如：

- 主管是上司與員工之間的橋梁，負責上情下達、下情上傳。
- 組織如金字塔，有高階主管，掌理決策；有中階主管，負責計畫及指揮；有基層員工，擔任執行。
- 管理就是恩威並濟（Carrot and Stick），強調領導統禦與績效的獎懲。

然而，這套傳統的做法，已經面臨著日益嚴重的挑戰。越來越多的管理人發現，自己所使用的這套東西不靈驗了。於是，大聲感嘆道：現在的主管太難當了！

美國著名的企業家布萊德（Brad Feld）說：「要想在當今競爭如此激烈的工商界立足，唯一的存活之道就是不斷地求新、求變。」的確，傳統的管理學必須要進行大刀闊斧地改革了。當然，我們對傳統的東西並非一概否定，而是要配合時代的需求和變化，在繼承中創新，在揚棄中求變。

但也有不少人仍習慣於舊有的管理模式，他們認為傳統的那套畢竟是經過時間與實務的考驗，即使其中有許多東西已不合時宜，但比起新的東西來，至少要保險得多。

對此，我們不妨先用一則故事來說明。

一個連被派赴陣地，連長正在與排長研究作戰策略時，敵人已至。連長高聲道：「等一等，待我們集合好部隊，再正式開戰。」

敵人可不管這麼多，掃了一排子彈之後，繼續前進。又遇到正在待命的一班士兵，領頭的班長搖手高呼：「等一等，待連長決定作戰方案，排

長親臨指揮，才能開戰。」

敵人又一陣掃射，輕易地殲滅了這座僵硬的「金字塔」。

這個故事給我們的啟示是：在競爭如此激烈的社會中，已不能再一成不變地謹守崗位，否則一旦出現新情況，便一籌莫展，無所適從。

當今的組織已不再像金字塔，階層高低分明；而趨近於太陽系，每一顆星都重要，星與星之間引力均衡，自行規律運轉不息。

在組織中，高階主管要常常到基層去參與活動；員工都是本身工作的小主管，分擔部分管理的計畫與決策。

至此，每一員工單獨工作時，自成一個完整的單兵作戰體，結合在一起時，則成為理念、行動整齊一致的堅實團隊。

一位著名的企業管理人調任某公司經理時，有人對他說：「您使用原單位傑出的領導和管理方式來整頓本公司，必能收到同樣的效果吧？」

這位管理人立刻擺擺手，說：「千萬不可這麼說，本公司的制度運作已有相當水準，我是來進行協調和服務的。」

這真是一語道破了現代主管的「官」念，即由命令統禦轉向協調服務。

現代主管如果仍以為握有大權便能隨便命令指揮，把部屬壓在下面，他必然要感嘆「主管難當」了。

在部門裡，我們常習慣地稱「上司」與「下屬」，其實應正名為「主管」與「部屬」。不久的將來，連主管也應正名為「主辦」，為單位的代表者，負責對外協調和對內支援服務。

作為新時代的年輕管理人，你必須先轉變觀念：樂於與比自己能力強者相處；真誠為部屬未來考慮，找出每個人適合發展的方向；事事以身作則，付出真誠，帶領每一員工完成企業的使命。

光學做官不行，要學做事

基層主管好比尖刀排的排長，是一個需要帶領部下衝鋒陷陣的「官」，而不是可以悠然地坐在後方指揮所裡的司令員。基層主管在帶領部下「衝鋒陷陣」時，需注意以下幾點：

- **做「好事」而不僅是把事「做好」**：我們對下屬，希望用他的「氣力」；對主管希望用他的「智力」。秦朝末年，楚國出現了兩個「主管」，一個是項羽，一個是劉邦。項羽力大無窮，劉邦手無縛雞之力。但結果卻是，項羽不但制服不了劉邦，反而被劉邦逼得在烏江邊自刎。臨死之前他痛苦地大聲衷嚎道：「不是我打不過人家，是天要滅亡我呀！」

  所以對每一位主管來說，要做「好事」而非僅僅是事情「做好」！許多主管接到了上司的命令之後，一心只想把事情「做好」，不眠、不休、全力以赴。等到事情「做好」了以後，一看作錯了要重來一遍，這一下子勞民傷財又要挨罵，真是得不償失。所以，真正精明的主管，一開始就下定決心要做「好事」而非將事情「做好」，這是非常重要的。

- **用你的魅力影響部屬**：一個公司要成功，單靠你主管一個人的努力是不夠的，一定要靠大家一起團結起來才行。那要怎麼讓大家團結在一起呢？這就要靠主管你個人的影響力，也是現代人所說的你的個人「魅力」。俗話說得好：「你能夠牽牛到水邊，但你不能逼牛喝水。」說的就是這個道理。如何使自己成為有「魅力」的主管，當然要有一定的方法，不是光靠公司下一紙命令就可以的。

- **能夠獨當一面**：某企業的一名主管，在做每一件事情之前，他都要求

上司將事情說清楚，丁是丁卯是卯。上司則老是跟他說：「這怎麼說得清楚，你自己看著辦好了」。他一聽馬上反應道：「我看著辦？那我不就變成經理了」，上司也不高興地告訴他：「如果都能說清楚的話，我也不必請你當主管了，我請一個『祕書』就行了。」

- **學會忍耐**：明朝時，一個姓丁的舉人要出外去做官。他的朋友李龜來看他，並對他說：「你要出去做官，一定要學著忍耐。」丁舉人唯唯稱是。接著，李龜又對他說：「你要出去做官，一定要學著忍耐。」丁舉人還是連應諾諾。過了不多久，李龜又對他說：「你要出去做官，一定要學著忍耐。」丁舉人不高興了，回答道：「那麼簡單的一句話，你嘮嘮叨叨講個沒完，你以為我是白痴呀！」李龜理直氣壯地教訓他說：「我才說了三遍，你就受不了，還說什麼會忍耐哦！」

- **規劃未來**：公司主管最重要的任務，不是今天如何，而是要「規劃」將來如何。所以，對每一位主管來說，如何發揮你的前瞻性眼光，為公司「規劃」一個輝煌的未來，已是今天刻不容緩的工作了。因為只有公司有一個圓滿的未來，你個人的前途和人生才有希望，不是嗎？

▌光學做事不行，要學做人

主管，對公司來說，當然是希望他能「做事」。「做人」好壞，是和公司不相干的，但是在現實的社會裡，往往由於一個人不會「做人」，致使與別人的人際關係不好，於是他在公司「做事」時得不到大家的幫助，最後一事無成。所以，古語說：「一個好漢三個幫」，說的就是這個道理。因此，在公司裡，我們希望主管既要會「做事」，又要會「做人」，這都是缺一不可的。主管要如何做人呢？以下幾點是每一位想做好主管的人所必須要做到，同時也是應該親自去實踐的。

- **心存感謝**：對每個人來說，在你的一生裡，只有短短的幾年才是你人生最「得意」和「輝煌」的日子，任何一個人都不可能一生都走運，平步青雲一飛衝天。因此，你今天有幸成為公司的主管，你一定要感激上司、同事、下屬他們給予你做主管的機會。然後，好好發揮全力以赴。只有這樣做人，才能夠做好這份工作，別人也樂於幫助你。

- **精誠合作**：對公司來說，只要是完成工作使命就好了，而不管是否由你主管親自完成。反正，由你完成或你部屬完成，這筆帳都記在你頭上。身為主管的你，要有氣度，看到部屬成功，給他們支援與鼓勵。因為對一個公司來說，光靠你一個人有本事，獨木最後還是不能支撐起大廈的。只有大家都有本事，共同努力奮鬥，公司才能永續發展。

- **開闊的胸襟**：許多人做了主管之後，就以為自己很了不起。表現在行為上，總是趾高氣揚，處處不饒人。當然，你有「職位」和「權利」。但是，當你周圍的人都對你產生怨恨的時候，主管的位子就坐不久了。因為，大家既然能夠扶你起來，當然也能拖你下去。這就是古人說的「水能載舟，亦能覆舟」的道理啊！

- **欣賞他人**：光會孤芳自賞沒用，只不過讓自己自尊自大而已；會欣賞別人就能從別人的身上吸取些長處。因此，只有會欣賞別人的人，才能在這競爭激烈千變萬化的社會中立足、生根、成長。人生的目標到底是為了什麼呢？說到底還不是要爭取成功？朋友，快點覺悟吧！

- **反思自己**：所謂：旁觀者清，當局者迷。對當事人來說看不清楚的事情，旁觀者往往看得一清二楚。今天，你看到了別人的缺點，先不要高興，想想自己有沒有同樣的缺點，所謂：有則改之，無則加勉。就是這個道理。更重要的是要以一種悲憫的心情來看別人的缺點，看到別人有了缺點，自己要如何說明他、改正他。而不是看著他「完蛋」

或「出醜」。最後，事情弄砸了，作為同事的你也還是要受影響，而不是他一個人負責。

- **求同存異**：你今天之所以會成為基層主管，就是你有著許多別人沒有的好條件及對待工作的態度。但是，當你在和別人「共事」時，你就會非常驚訝地發現，為什麼許多事情你做得到，別人做不到？於是你會要求別人跟你一樣，如何如何。其實，這是很沒有必要的。因為，人和人之間原本就存在著「少數差異」，今天你之所以會成功，成為公司的基層主管，就是由於你的與眾不同。如果大家都跟你一樣，你也不是什麼主管了。

▌光學做人不行，要學做「神」

所謂做神，並不是指利用迷信去糊弄下屬，這裡所指的做神，是做下屬的保護神。

▶ 當好下屬的庇護人

上司經常會處於兩難境地，既要保住單位的利益，又要安撫下屬。因此管理下屬無疑必須具備極大的耐性。一個人的地位愈高，往往愈無法了解下屬們對你的看法，因為下面的人總是小心謹慎地觀察上司的一言一行。有的上司工作不順利時，難免會發牢騷，此時，下屬也可敏感地猜疑：「上司處境不妙，是否要將責任推給我們呢？」這樣一來上下級關係就要難相處了。

其實，身為上司在員工面前發些牢騷並無大礙，關鍵是發牢騷時一定要掌握好分寸，千萬不能把工作上的不順利歸罪於員工的不努力，而是要勇於承擔一切責任，扮演下屬的庇護人，只有這樣才能贏得下屬的信賴

與愛戴。我們身邊就有過這樣的事，某科長動不動便指責下屬，與員工的關係非常僵。某天，科長的上司——一位處長，怒氣衝衝地跑進科辦公室，無視科長的存在，對一位起草工作報告的科員說：「你寫的什麼報告！」此時，這位經常指責下屬的科長卻站了出來，說：「是我要他這樣寫的，責任由我來負！」

從此以後，該科的氣氛完全變了，科長雖仍如同過去一樣動輒批評下屬，但員工對科長的態度卻與從前不相同了。他們意識到「科長是真的在替我們著想」，並由此產生上司與下屬間的信賴關係，整個辦公室充滿和諧的氣氛。

▶ 幫助下屬轉換心境

當你看到下屬獨自加班到深夜時，你會如何表示？也許只要說一句：「辛苦了！」便能使下屬感到極大的安慰和鼓勵。然而，視時間和場合不同，有時讓下屬暫停工作可能會產生更好的效果。

一般而言，既努力工作而又懂得玩樂的人，必是精明幹練之人，他善於將工作及休息做適當的安排和調整。下屬充滿熱忱、執著工作固然難能可貴，但絕不能陷於執著。因為人們執著於某事時，就會感到身不由己，對於事物的觀點也會變得固執己見。如果能在工作之餘盡情遊玩，避開執著的念頭，就能夠對身邊事物保有新鮮的眼光。

然而，對於工作閱歷較淺的下屬而言，與其說是不善於轉換心境，不如說是不善於掌握轉變的時機。在工作陷於僵局時，愈是想以執著的努力予以克服，對於事物的觀點往往愈是局限、狹窄，並使原有的成效大打折扣。上司在目睹此種狀態時，不妨利用適當的時機轉換其心境，這也可說是身為上司應有的職責。

所謂轉換心境，即令下屬停止工作。當然，也可將一些小事轉交給他去辦。總之，只要立即中斷其陷於僵局的工作即可，這樣，當其重新回到原來的工作上時，必然可以從不同的角度找到解決問題的辦法。

如何輔佐你的上司

對於基層主管的職責，大致可從三方面來說明：即是處理上司、同僚及下屬的關係。對上司來說，他要輔佐上司，達到組織及上司的工作目標；對同僚來說，他要與人協調溝通、相互支援、共同朝組織的使命努力；對下屬來說，仍是由下屬的努力，達到上司所交付的工作任務。

▶ 把上司交代下來的工作做好

把上司交代下來的工作做好，是基層主管對上司最重要的輔佐。如果連這一點也做不好的話，其他輔佐上司的方法及事項，都是無法談及的了。

把上司交代下來的工作做好，並不完全是被動的。不能上面撥一下才動一下，不撥就不動。要想把事情做好，應該掌握正確的做事及工作的方法。

對於自己分內該做的事，不要等上司開口，就應該主動地把它做好，這是每個工作人員應該要做到的。你這樣要求自己，也要這樣要求你的部屬。什麼事如果都要等到上司開口才動手去做，不但難做好，就算做好了上司也不一定會滿意。他會認為：「自己該做的事，為什麼一定要等我講才做呢，主動一點不是更好嗎？」

對於上司交代下來的任務，如果一開始就有困難，無法如期完成，就要明確地表達出來，同時提出你的困難及所需要的協助。當然，不能為了推卸責任和不願意負責，在每次上司交代工作的時候，就提出一大堆問題和困難。這種不正確的工作態度，除非你馬上就要退休或不想做了，否則

是不應該有的。

　　你覺得這項任務有困難，那麼在提出你的困難及需要的協助之前，要先設法以自己的力量試著解決，如果可以的話，多付出一些或利用額外的時間及關係去處理。因為這些是上司交代你的工作，如果提出一大堆問題讓上司替你解決，究竟是你要替上司完成工作，還是上司要替你完成工作？

　　在事情做到一半卻發生重大困難及阻礙的時候，先自己想辦法克服這些困難是應該的。』可以口頭上向上司報告一下，聽聽上司的意見或看法，或許對你來說的困難和阻礙，從上司的角度來處理是很容易解決的。萬一問題沒那麼容易克服，也要讓上司事先知道事情並沒有那麼順利；這樣的話，若最後完成工作的時間有些延誤，也會得到上司的諒解。如果有真的無法完成任務的情況出現，上司也可以早做最壞的打算。

　　等事情做完後才發現將事情搞砸了，此時你必須馬上向上司報告，不是報告搞砸的原因及「錯不在我」，要你報告的是搞砸的程度以及和原目標的差距；萬一要補救的話，從哪個角度下手，會比較有利。事情已經搞砸了，誰對誰錯已經不重要，重要的是下一步該怎麼走，怎麼走才能補救得最多？

　　最糟的是將事情搞砸了，還不敢向上司報告，以為拖一天算一天，看看有沒有奇蹟出現，或是編些理由偽裝一下成果，等到上司知道事情搞砸的時候，不但已經無法做任何補救，甚至連一點心理上的準備也都沒有。這種陷上司於不利的做法，不但上司不能饒你，別人也饒不了你的上司。

▶ 主動地協助上司克服困難、解決問題

　　如果你不是上司的親信，他的困難和問題就不會告訴你，因此你也幫不上他什麼忙。但你要用你敏銳的感覺去發現上司的困難和問題，同時又能想出有效的對策，幫上司解決問題、克服困難，是輔佐上司的最佳方法。

你在做這件事的時候，一定要注意的是不可張揚。如果你發現上司有困難和問題，在未經其同意的狀況下，向組織內外張揚，這不但不是輔佐上司，反而是在製造問題，這是千萬要不得的。

沒有絕對有效的策略，原則上還是不要隨便提出來，因為你的上司已經被困難和問題所困擾，沒有心情和耐性聽你的那些不成熟的意見和方法，如果問題像你想得那麼簡單的話，也不會困住他了，你不但不是幫助他，反而是在替他製造麻煩。

平常就主動地為上司對還沒發生的問題和困難，預留解決的方法，不大肆宣揚，等到有一天，上司的問題真的發生了，困難無法克服了，別人都沒有辦法，大家一籌莫展的時候，你提出辦法，解決了問題，克服了困難。這是你的高明處，也是你之所以被上司及別人肯定的原因。

輔佐你的上司是基層主管的責任，也是職責，但有時這項工作有賴於技巧和你的聰明才智，不是每個人都做得來的。

▋怎樣管理你過去的同事

當你晉升為基層主管職務的時候，你首先面臨的一個問題，就是原先的工作夥伴和同事，一下子變成了你的部屬，而你成了他們的主管。這種角色的互換，不但你自己一時無法調適，你目前的部屬也一樣。這是很正常的事，但是不適應本身就是一項挑戰和危機，你要謹慎面對，否則有可能把你多年努力所獲得的一個「轉機」，平白無故地變成了人生的「危機」。

在你的那些舊同事裡，除了資歷比你短、能力比你弱的之外，當然還有一些資歷比你久、年齡比你大、能力經驗也不比你差多少的，此時你所面對的，已不是你新任基層主管的喜悅，而是由一些惶恐、心虛和歉疚所融合起來的綜合情緒，這種情緒是你以往所不曾擁有過的，這是造成你緊

張不安的主要原因。

　　當然，你也得自我反省及肯定。或許你不是最好的，在公司裡有人比你更優秀，但是既然你已坐上了這個位置，你就大可不必太惶恐、太謙虛。當然，你也不可以立刻變得冷漠而傲慢，讓他們感覺你晉升了之後有了官架子，不理人了。

　　在你沒有晉升以前，公司裡一定有一些和你特別熟悉及親近的同事。如果有的話，你要特別注意了。首先，在公開場合你要變得稍微收斂一些，以免給別的同仁帶來太大的壓力；在工作上，則一定要「對事不對人」，不能給你熟悉的人有任何禮遇及優待。而在私下，他們原本即是你的親密朋友，當然是應該維持以往的關係，這是合情合理的。

　　原來就和你不太合得來或不來往的同事，在你升了基層主管之後，你要主動地去接近他們。在你未當主管之前，他不理你，你也不理他，反正各做各的，原本就沒有什麼瓜葛，這沒關係。但現在不一樣了，你當上了他的主管，他可以依舊不理你，撥一下才動一下，但是你能忍受這樣的局面嗎？如果不能，就必須主動地化解你們以前的隔閡。其實以大事化小，原本就是做主管的一項基本訣竅，更何況那些原來與你不合或不來往的同事，見你升了基層主管，雖然心裡不是滋味，最起碼他們也不想得罪你。如果你能主動地先去找他們，同時示好，那麼以前的任何誤會，都可以一筆勾銷了。這有利於你以後工作的開展，也展示了你開闊的胸襟。

▌有下屬不服怎麼辦

　　對於你的晉升，總有一些人認為不公平或不合理，甚至認為這次的晉升機會應該是他的，而不是你的；或許是上面的人搞錯了，有可能是上面的人徇私偏袒。你升了基層主管雖然是事實，但總是有人不這麼想。他們

主觀地認為，這是一項錯誤、不公平及偏袒的晉升，上面的人一定會後悔、會更改，到最後這晉升的人還是他，不是你。於是來自他們的抗爭、不合作，絕不是用理性及理論所能克服的。

時間是處理這一類糾紛的最好武器。其實你可以什麼事都不解決，只等時間過去，讓時間來證明他們的想法是不對的，讓時間來淡化他們原來的想法，漸漸接受你是他們主管的這項事實。沒有一種方法及一項武器，能夠比時間能更有效地化解這一類糾紛和困擾。唯一值得要擔心的，不是時間這一項武器和方法失效，而是你自己撐不下去，被時間擊潰。

孤立是應付這一類問題的另一項有效的方法和武器。對這些有問題的人，你先不要急著消滅他，只要先把他孤立起來，慢慢地不用你去消滅他，他自己就會瓦解的。孤立雖然不是一件很容易的事，但基於你是他們主管的有利位置，只要你在技巧上能有所發揮，這也不會是很難的。最糟的狀況是你孤立他不成，卻被他孤立了，到那時候在組織的運作上，就困難多。

你要把你的業務放在工作上，只有出色的工作成績，才能徹底粉碎那些蜚短流長。

如何與下屬進行交談

與下屬交談是基層主管工作與應酬中經常的事，也是基層主管必須掌握的一門技巧。

- **善於激發下屬講話的願望**：留給下屬講話的機會，使談話在感情交流過程中完成資訊交流的任務。
- **善於啟發下屬講真情實話**：身為上司一定要克服專橫的作風，代之以坦率、誠懇、求實態度，不要以自己的好惡顯現出高興與不高興的態

度，並且盡可能讓下屬了解到：自己感興趣的是真實情況，而並不是奉承的假話，這樣才能消除下屬的顧慮和各種迎合心理。

- **善於抓住主要問題**：談話必須突出重點，扼要緊湊。要引導和阻止下屬離題的言談。

- **善於表達對談話的興趣和熱情**：充分利用 —— 表情、姿態、插話和感嘆詞等，來表達自己對下屬講話內容的興趣和對這些談話的熱情，在這種情況下，上司的微微一笑，贊同的一個點頭，充滿熱情的一個「好」字，都是下屬談話的最有力的鼓勵。

- **善於掌握評論的分寸**：聽取下屬講述時，上司一般不宜發表評論性意見，以免對下屬的講述起引導作用，若要評論，措辭要有分寸。

- **善於克制自己，避免衝動**：下屬發現情況後，常會忽然批評、抱怨起某些事情，而這客觀上正是在指責上司。這時你一定要頭腦冷靜、清醒。

- **善於利用談話中的停頓**：下屬在講述中常常出現停頓。這種停頓有兩種情況：一種是故意的。它是下屬為試探上司對他談話的反應、印象，引起上司做出評論而做的，這時上司有必要給予一般性的插話，鼓勵下屬進一步講下去。第二種停頓是思考停頓引起的，這時候上司應採取反問、揭示方法，接通下屬的思路。

另外，在業務時間進行的無主題談話，是在無戒備的心理狀態下進行的，哪怕是隻言片語，有時也會得到意外的資訊。

如何面對下屬的失誤

作為一名剛剛從普通職員升為主管的年輕人，遇到下屬工作出現失誤時，一定要保持冷靜的心態。

第五章　領導得心應手

▶ 主動承擔責任

　　主動承擔責任能體現出主管應有的氣度和修養，也能得到他人的理解和尊敬。切不可不問原因，一味指責員工，一副居高臨下、盛氣凌人的作風。

　　雖說是屬下惹的禍，但你硬要他自己去收拾殘局，礙於職權的限制，他恐怕也不會取得什麼滿意的結果，很可能問題最後還要回到你這裡。如果你親自去處理，由於對問題不甚了解而心裡沒底，同樣不利於問題的解決。如果你與當事的屬下共同去面對來興師問罪的顧客，不僅大大增加了解決問題的可能性，而且剛剛升職的你可能會受益匪淺。

　　首先，你的出現會贏得人心。在外人面前主動承攬責任，會減輕屬下的包袱，他會感激你。同時也會贏得其他屬下的人心，讓人們看到你這個新官有勇於承擔責任的勇氣。其次，你的出現對顧客來說，能夠表現出部門對此事的重視和誠意。在解決問題和協調雙方利益時，你的意見較具權威性，可以更好地維護部門利益。對你而言最能受益之處在於，透過此事你能掌握發生失誤的具體原因，並聯想到部門其他業務也可能出現的差錯，增強全域防微杜漸的意識。

▶ 要寬容

　　對犯錯的人，需要嚴肅，也需要寬容。所謂寬容，就是依照包容犯錯、盡力修正錯誤的原則處理事情，對犯錯的人採取寬恕的態度，實行從寬政策。特別是對於因大膽探索而造成失誤，因經驗不足而造成失敗，因出現複雜的新情況而造成差錯，對這類型下屬更要寬容。如果偶有失誤就將人革職，或嚴厲責罵，下屬將會失去銳氣，不敢再露頭角，變成謹小慎微只求無過的人，對工作不敢提出任何創意，當然也無法取得亮眼成績。而且，如果犯過一次錯誤便毫不寬容，下屬的流動性勢必更頻繁，主管職位的穩定性、連續性將無法得到保證。寬容是幫助的前提，不懂得寬容就

談不上任何幫助。但寬容不是無原則的遷就，不是寬大無邊，而是在政策原則允許範圍內，盡量做到寬大為懷。

▶ 注意開導

有的下屬一旦出了差錯，犯了錯誤，就陷入低迷狀態，把自己孤立起來，並從此一蹶不振。遇到這種類型的下屬，必須對其做開導工作。要使其明白，出差錯是難免的事。犯錯誤、失敗都不可怕，可怕的是不懂得怎樣對待錯誤。真正聰明、有作為的人，是善於從錯誤中學習的人。人若能從錯誤中真正學到知識，能力必然會有大的提升。在此基礎上，你再指點他應該從哪裡著手，先做些什麼，後做些什麼，以便儘快對失誤進行補救，挽回丟失的面子，以新形象出現在眾人面前。

事實證明，越是自尊心強，越是需要上司的引導。經過引導之後，那些愛面子的心理就會轉變為奮發圖強的決心。

▶ 為下屬改正錯誤創造一個有利的環境和條件

下屬犯錯誤後本身就有一種自卑感和壓抑感，情緒低落。此時，做上司的要比平時更主動、更熱情地接近他，關心、鼓勵他，使他堅定改正錯誤的決心和信心。同時還要替他緩頰，讓大家不致排擠他，更要主動接近他，使他儘早擺脫低迷的困境。

犯錯誤的人有了改正錯誤的決心以後，上司要設法為其重新振作製造機會。辦法因人而異。對於那些不善於處理問題而犯了錯誤的人，上司應該循循善誘，告訴他如何分析問題，解決矛盾，處理關係。如果是業務不熟，經驗不夠，可以多給他一些學習和實作的機會，並指定業務能力強、經驗豐富的人從旁負責指導。如果其能力低於他所擔負的工作，可以換一份他能勝任的工作，讓他做出成績，重建他的自信心。

與令人頭痛型下屬的交往技巧

有些下屬性格乖戾，令人頭痛，但作為新任主管的你，必須坦然去面對，不能夠躲躲閃閃，因為這正是你建立威信的絕好契機。

與令人頭痛型的下屬交往，要講究一定的策略，不能憑一時之快，那樣往往會把事情弄得更糟，同時也讓你的頭更加痛。下面是針對幾種常見的令人頭痛型下屬交往的技巧。

▶ 講大話的下屬

溫良恭儉讓，仁義理智信。也許是傳統的處世哲學對人的束縛太深了，以至於那些少數桀驁不馴、口出「狂言」而後又沒有成功的人，往往成為人們譏諷和嘲笑的對象。其實這是極不公平的。

寬容

面對激烈的市場競爭，你的下屬對艱巨的工作任務不是瞻前顧後，怕這怕那，而是信心十足地去承諾並圓滿地完成，這本身就是一種負責任的、真漢子的工作態度。試想，如果一個人對事情連想都不敢想，說都不敢說，又怎麼可能去實現呢？當然，說出「大話」後由於種種原因沒有做到時，下屬內心的尷尬與痛苦是可想而知的。作為一個領導者，你應該寬容待人，去主動及時地安慰、鼓勵下屬，告訴他有些事情結果固然重要，但更要看過程，只要確實付出了，努力了，沒有成功也沒有關係，問心無愧，讓我們下次再來。

寬容下屬，不久你這位「明君」就會發現，當你的部門再有什麼更具風險、更具挑戰性的工作需要員工去完成時，下屬中保證不會有逃避責任的「膽小鬼」，而一定是爭先恐後地「交給我處理吧！」

寬容下屬是對下屬的最好鼓勵，它對培養下屬的忠誠度很有幫助。

幫他打圓場

作為一個領導者，應該為講大話的下屬盡力地打圓場。比如：若他曾誇口說自己將完成大量的工作，而實際沒有做到，應該在全體下屬的面前說明這麼多的工作一個人是絕對沒有能力可以獨立完成的。另外，還可以在其他同事面前重塑一下他的自信：交給他一項他力所能及的「艱鉅」任務，完成後再讚賞一番。如此這般，也能十分有效地令人淡忘他曾經的過失。還有，你可以聯繫其他同事為他創造輕鬆和諧的氛圍，防止他在今後的工作中故步自封。

上司與下屬是榮辱與共的生命共同體，幫助下屬擺脫尷尬也是在幫助自己，同時還可以換來下屬的感激，何樂而不為？

當然，對待那些大言不慚，吹破牛皮仍洋洋得意的下屬，則要差別對待了。對這類下屬應該批評，其批評方法可參閱本章「如何批評下屬」。

▶ 自私自利的下屬

這種人總是以自我為中心，不顧及旁人，一事當前，先替自己打算，以自我利益為最高利益，稍不如意，就會反目成仇。

與這類下屬交往的原則是：

- 滿足其合理要求，讓他意識到，你絕不難為他，該辦的事情都辦。

- 拒絕其不合理的要求，委婉地擺出各種困難，巧妙地勸其不要貪得無厭。

- 做事公平。把你的一切計畫、安排、利益分配方案等公之於眾，讓大家監督，使你自身從直接責任當中擺脫出來，以免他與你沒完沒了地糾纏。

- 曉以利害，講清貪小利失大利的弊害。

- 在可能的情況下，盡量做到仁至義盡，令他感激你。
- 必要時，帶動他幫助其他朋友，以體會助人的快樂。

▶ 爭強好勝的下屬

這種人狂傲自負，自我炫耀、自我表現的欲望很強，喜歡證明自己比你有才能，比你正確，輕視你，甚至也可能嘲諷你，想把你擠下去。

與這類下屬交往的原則是：

- 不必動怒。自以為是的人到處皆有，這很正常。
- 不必自卑。你就是有再高的才能，也不會在各個方面超過所有的人，誰都既有長處，又有短處。
- 仔細分析下屬這樣表現的真實用意。一般下屬只有在懷才不遇時才會表露對上司的不滿。如確實如此，就要為之創造條件，展現才能。當許多重擔壓在肩頭時，他便會收起自己的傲慢態度。
- 確屬自己的不足之處，要坦率地承認，並予以改正，這樣他便沒有理由再嘲諷你。
- 不必壓制他。越壓越不服，矛盾會越來越嚴重。
- 對不諳世故者，可予以適當的點撥。語重心長、有憑有據的談話可改變對方的認知。

▶ 自我防衛型下屬

這種下屬自尊心脆弱，特別敏感、多疑，特別注意他人的評價，唯恐上司對自己有不好的看法。一個不滿的眼色也會令其心事重重，鬱鬱不樂。對人存在戒心，缺乏自我安全感，心理防衛機制較強。

與其交往原則：

- 尊重他的自尊心，講話要謹慎，不可流露出輕視之意，多欣賞他的才能，以此博其好感和信任。不要隨便否定他的努力及成績，以防對你產生敵意。
- 切忌當他的面指責、挑剔別人，也許他會因此懷疑你也在背後議論、嘲諷他，從而敬而遠之。
- 有困難時，多幫助他，少提建議。建議過多，會讓他產生一種壓迫感，覺得自己什麼都不行，上司不信任他。你只要做給他看，就達到了指導的目的，並會令他感謝你。

▶ 性情暴躁的下屬

性情暴躁的下屬往往缺乏修養，或存在反社會行為，其蠻橫無理、蔑視權威、有恃無恐等習性就將對你構成較大的威脅。

與其交往原則：

- 這種下屬一般都比較講義氣，重感情，如果平常能真心將他視為朋友，多方關照，他會感激並盡力報答你。
- 這種下屬頭腦簡單，你可在平日的談話中，引經據典，談古論今，分析事理，吸引他向你的思考模式習慣靠攏。這樣，在他衝動時，你才會有威信使他聽從你的建議。
- 不要忘了隨時讚揚他。這種下屬是自大狂，喜歡被人吹捧、奉承，其無法忍受他人譏諷、否定。「順水推舟」的讚揚才可產生「誘敵深入」的效果。

▶ 孩子氣的下屬

工作中，你常見不懂事理的下屬，這是因為年輕、經驗、閱歷、個性修養等多種原因形成的。這種人不成熟，與之交往很難得到回報，你播下

的是「龍種」，收穫的也可能是「跳蚤」。他不理解你的真實用意，有時還會聽信別人的調撥，與你離心離德。

與其交往原則：

- 不要對其求全責備，用「人無完人，金無足赤」來寬慰自己，力求理智。
- 多尋找與其交流、溝通的機會，把你的思想、見解在正常的互動中滲透進去，以免由於缺乏了解而產生誤會。
- 始終不渝地用你的真誠、善良去感化他，不要動搖，他畢竟是可以成熟起來的人。
- 不失時機地向其傳授社會經驗、社會交往知識，説明他加快社會化的進程。尤其是對年輕人，這種指導更是極為必要的。

▶ 自以為是的下屬

在辦公室裡，你會發現有愛挑上司錯誤的下屬。他們自以為是，對你的所作所為做出各種非議。甚至一些無關的小問題，他們也會加油添醋、危言聳聽。令人啼笑皆非之處是因為這種人貌似忠誠，似乎的確為你著想。他們所受的教育及生活環境無形中給他們加上了許多框子，束縛了其眼界和手腳，其思考模式、個性都比較拘謹，這種人活得很累、很難，放不開自己，無法輕鬆地生活。

與其交往原則：

- 檢查自己是否有不注意小節的地方。
- 引導他們多參加各種社交活動，接觸的生活面越寬廣，他們的思想也會越解放。
- 多徵求他們的意見，了解其內心想法，以便有針對性地採取對策。

- 就其最不合理的某個觀點，發表評論攻其一端，讓他有自知之明。
- 不能排斥這種人，他們最容易成為你忠誠的朋友。這種人不虛偽，能以真心待人。

▶ 婆婆媽媽的下屬

絮絮叨叨，沒完沒了，這種類型的人以女性居多。因為其心理素養差，承受能力有限，遇事便忙成一團，無法穩定，心態動盪，有時真是吵得你心煩。

與其交往原則：

- 事先把該交代的都要講得一清二楚，不要留下漏洞，以免他做更多的詢問。還可把有關要求形成書面資料，令其查閱，多用眼，少用嘴。
- 在他嘮叨時，千萬不要發怒，要盡力以冷靜的微笑對待，既表示尊重，又使他不知你的底細。
- 你的回答必須有分量，令其心服。有了信任感，他便會言聽計從。
- 釐清情況後再發言，絕不能出爾反爾，因為這樣的習慣會給他留下討價還價的餘地。
- 注意你的風度，穩重、豁達的舉止如鎮靜劑，可產生威懾力量。

如何化解和下屬之間的矛盾

在這個世界上，矛盾無處不存，無所不在。新任主管無論如何優秀，與下屬都會存在或多或少、或大或小的矛盾。上司與下屬有矛盾是正常的，沒有矛盾反而不正常。新任主管的思想水準，個性特質，管理才能，領導藝術，恰恰就體現在這裡。

第五章　領導得心應手

▶ 正確地了解矛盾

正確了解矛盾，除了承認矛盾存在的正常性外，還要承認你與下屬的矛盾是工作上的矛盾。

▶ 把矛盾消滅在萌芽狀態

上下級相交往，貴在心理相容。相互在心理上有距離，內心世界不平衡，積怨日深，便會釀成大的矛盾。把矛盾消滅在萌芽狀態並不困難。

- 見面先開口，主動打招呼。
- 在合適的場合，開個適當的玩笑。
- 根據具體情況做些解釋。
- 對方有困難時，主動提供幫助。
- 多在一起活動，不要竭力躲避。
- 戰勝自己的「自尊」，消除彆扭感。

▶ 允許下屬發洩怨氣

上司工作有失誤，或照顧不周，下屬當然會感到不公平、委屈、壓抑。不能容忍時，他便要發洩心中的牢騷、怨氣，甚至會直接地指斥、攻擊、責難上司。面對這種局面，你最好這樣想：

- 他找到我，是信任、重視、寄希望於我的一種表示。
- 他已經很痛苦、很壓抑了，用權威壓制對方的怒火無濟於事，只會激化矛盾。
- 我的任務是讓下屬心情愉快地工作，如果發洩能令其心裡感到舒暢，那就令其盡情發洩。

- 我沒有好的解決方法，唯一能做的就是聽其訴說。即使很難聽，也要耐著性子聽下去，這是一個極好的了解下屬的機會。

如果你這樣想，並這樣做了，你的下屬便會日漸平靜。第二天，也許他會為自己說的過頭話或當時偏激的態度而找你道歉。

▶ 善於容人

假如下屬做了對不起你的事，不必計較，而且在他有困難時，你還不能坐視不管。你要：

- 盡力排除以往感情上的障礙，自然、真誠地幫助、關懷他。
- 不要流露出勉強的態度，這會令他感到彆扭。不感激你不合情理，感激你又說不出口，這樣便失掉了行動的意義。
- 不能在幫助的同時批評下屬。如果對方自尊心極強，他會拒絕你的施捨，非但不能化解矛盾，還會鬧得不歡而散。

得饒人處且饒人，容人者容於人，很快忘掉不愉快，多想他人的好處，才能團結、幫助更多的下屬。他們會因此而重新認識你。

▶ 不要剛愎自用

出於習慣和自尊，上司總喜歡堅持自己的意見，執行自己的想法，指揮他人按自己的意願行事，而討厭你指東他往西的下屬。

當上下級出現意見分歧時，用強迫的方式要求下屬絕對服從自己，雙方的關係便會緊張，出現衝突。戰勝自己的自信與自負，可用如下心理調節術：

- 轉移視線，轉移話題，轉移場合，力求讓自己平靜下來。
- 尋找多種解決問題的方法，分析利弊，令下屬選擇。

第五章　領導得心應手

- 多方徵求大家的意見，加以綜整。
- 假設許多理由和藉口，否定自己。

▶ 發現下屬的優勢和潛力

身為主管，最忌把自己看成是最高明的、最神聖不可侵犯的人，而認為下屬缺點多，一無是處。對下屬百般挑剔，看不到長處，是上下級關係緊張的重要原因。研究下屬心理，發現他的優勢，尤其是發掘他自己也沒有意識到的潛能，肯定他的成績與價值，便可消除許多矛盾。

▶ 消滅自己的嫉妒心理

嫉妒是可怕的魔鬼，人人都討厭別人嫉妒自己，都知道嫉妒可怕。但唯有戰勝自己的嫉妒才最艱難，最痛苦。下屬才能出眾，氣勢凌人，時常提出更適用的計畫，把你置於無能之輩的位置。你越排斥他，雙方的矛盾就越尖銳。爭鬥可能導致兩敗俱傷。此時，只有戰勝自己的嫉妒心任用他，提拔他，任其發揮才能，才會化解矛盾，並留下選賢與能的美名。

▶ 該出手時就出手

對有些實在不知高低進退的人，必要時，你必須予以嚴厲的回擊，否則，不足以阻止其無休止的糾纏。和藹不等於軟弱，容忍不等於怯懦。優秀領導者需精通人際關係的策略，知道一個有力量的人在關鍵時刻應自己維持自尊。唯有弱者才沒有敵人。凡是有必要的戰鬥都不能迴避。在強硬的上司面前，許多矛盾衝突都會迎刃而解。偉人的動怒與普通人的區別在於是否理智地運用它。

盲目地和藹與一味地容忍，你將威信全無，被人當軟柿子般捏來捏去。

學會獎賞的藝術

有一家規模龐大的室內裝潢公司為了提高業績,決定出奇招,以多項大獎來激勵銷售部的 40 名業務員。這些獎品五花八門,大至一輛新車,小至一張禮券,總共有 25 種之多。在活動期間內,每個推銷員各憑本事去拉客戶,等活動結束之後就開始清點每個人的戰果,業績位居第一的推銷員可以領到 25 張彩券,第二名領 24 張,依此類推,也就是第 25 名可以領到一張,後面的就沒有了。

到了「慶功宴」的晚會上,即將舉行刺激的摸彩活動:在箱子裡所抽出的一等獎獎券可獲汽車一部,二等獎獎券是洗碗機一臺,依此類推。公司的主管們用心良苦,刻意設計出這套別出心裁的遊戲規則,就是擔心會出現另一種尷尬局面:許多人會冷眼旁觀,以及「幾家歡樂,幾家愁」的局面。換言之,他們認為這種近乎「人人有希望,個個沒把握」的詭譎局勢將更能帶動活動的熱潮。

到了要抽獎的時候,公司的主管突然又宣布一項新規則:每個人只能領取一項獎品。結果呢?讓人跌破眼鏡:汽車被第 12 名的抽到,而洗碗機則是落入第 23 名的手中。銷售業績排名第一的人居然只抽到了半打葡萄酒。事實上,排名前五名的業務員所抽到的都是微不足道的小獎。在飽受其他同事的取笑之餘,可說是群情激憤,最後索性集體跳槽到別家公司。原先公司的主管在始料未及之際,也只有搖頭嘆息的份。「唉,順了姑情逆嫂意,不管怎麼做,我都是輸家!」

怎樣才算是正確合理的獎賞?在為數不少的主管腦海裡,並沒有一個正確的答案。

讓我們先來看看下面這則寓言:

某個週末,一個漁夫在他的船邊發現有條蛇咬住一隻青蛙,他替青蛙

第五章　領導得心應手

感到難過，就過去輕輕地把青蛙從蛇嘴中拿出來，並將牠放走。但他又替飢餓的蛇感到難過，由於沒有食物，他取出一瓶威士忌酒，倒了幾口在蛇的嘴裡。蛇愉快地游走，青蛙也愉快，而人做了這樣的好事更愉快。他認為一切都很妥當，但在幾分鐘後，他聽到有東西碰到船邊的聲音，便低頭向下看，令人不敢相信的是，那條蛇又游回來了 —— 嘴中叼著兩隻青蛙。

這則寓言帶給我們兩個重要的啟示：

- 你給予了許多的獎賞，但你卻沒有得到你所希望、所要求、所需要、或你所祈求的東西。

- 你為求做對事情，很容易掉入獎賞不妥當的、忽略了或懲罰了正當活動的陷阱中。結果，我們希望甲得到獎賞卻獎勵了乙，也不明白為什麼會選上了乙。

身為主管的你，在行賞的時候，是否也犯過這位漁夫的錯誤呢？

如果擔心因為給獎不公會造成嚴重的後遺症，不如就採取無預告的方式，只要某個員工提出一項寶貴的建議，或是在工作上有傑出的表現，就可以頒給一項獎品以資鼓舞。同樣的，你可以在心中設定一套臨時的獎勵標準，只要部下們達到這項標準就可給予一項小獎，無須等到目標達成之後才去論功行賞。

我讀過一篇這樣的故事：有一天，外國某公司的總裁深深為一位員工的傑出表現的感動，想當場獎勵一番，但身上無一物可給，情急之下，這位總裁把手伸到桌子上的一盤水果上，拔下了一根香蕉來送給那位員工聊表謝意。因為這個點子廣受歡迎，公司甚至發明了用黃金打造的香蕉領針。後來它成為公司內部競相爭取的獎品。

　　我的一位企業界的朋友很喜歡這個故事，但他想到要是身邊沒有香蕉怎麼辦，什麼東西可以用來代替呢？他靈機一動：用錢！他開始隨身攜帶一些銅板，隨時用來送給表現優異的人。

　　他也考慮過給 100 元，但那樣一定會造成員工間的猜忌和不滿。員工會跑來跟我抱怨：「為什麼他做那些事可以得 100 元？我做得比他好多了。」

　　沒有人會對銅板說閒話，因為那實在不是什麼大錢。但是它所代表的意義卻很重要。

　　像別的公司一樣，他們也頒發區額或舉辦慶功宴，但是以錢來講，即使為數很少仍能吸引人。因為銅板代表一種表揚，為數不多，不會招來怨恨。事實上沒人抱怨過這件事，也沒有人拒絕過這些銅板。大家都喜歡這種表揚方式和一頓免費的午餐。而且，從警衛到執行副總裁，對於一件小功勞，不管任何人都拿一枚銅板，也表示每個人的分量都一樣。

　　不要輕視做對事情的人，要立刻給予獎賞。獎賞不是什麼了不起的東西，不要讓怨恨破壞了獎賞的美意。

　　小功勞也要慶祝一下。我們一向很看重了不起的成就。但是不要忘了也要獎勵小功，例如嘉獎為完成一張備忘錄或多打一次電話而加班的人。

　　有的公司是以比較柔性的方式來提振士氣，比如改善員工們的工作環境等。這些作法立意甚佳，也很符合人性，但卻或多或少有些「吃大鍋飯」的意味，未能針對每個人之不同需求來對症下藥。

　　具體而言，主管們可以採取的方式有：

- **定期加薪**：職員們不會有人反對的。
- **提供車輛**：有些人認為這不過是「吃飯的工具」，但有人卻看了會眼紅。

第五章　領導得心應手

- **改善環境**：提供員工較為寬敞的工作空間，將陳舊的設備汰舊換新、改善員工餐廳等。這麼一來，他們的牢騷可能會比較少，至少可以撐一陣子。

值得注意的是，雖然這些方式的出發點都是「齊頭式」的平等，但偶爾卻也會引發同仁之間的爭食大餅現象。

有一家大型的金融機構，打算以一種別出心裁的方式來激勵員工們的工作士氣，他們仿效奧斯卡金像獎的頒獎方式，每年從公司內各部門提名若干表現優異的同仁來角逐類似「影帝」或「影后」的頭銜，像是「最佳業務員」、「最佳資訊人員」；另外也有獎勵員工提出節約成本、提高利潤的「最佳鬼點子獎」；甚至還設立了團體獎項，例如「最佳後勤支援部門獎」。評選的過程慎重其事，是由一組中立的評審團來決定最後得獎的人選。

第一屆的頒獎晚會規模非常盛大，在當地一家五星級的飯店舉辦，還邀請許多名人與會，共襄盛舉，把氣氛帶到了最高點。毫無疑問，公司上上下下的員工在走進會場時都興奮得難以形容，然而當得獎名單揭曉後卻造成了兩極化的反應。就跟所有的類似活動一樣，都只造就了極少數的英雄人物，其餘的臺下觀眾就跟洩了氣的皮球似的，臉色一個比一個難看。

由於評審的公正性受到許多人質疑，連帶的使得獲獎人常成為同僚揶揄的對象。在第二年時，盛況不再；到了第三年，每況愈下，有許多入圍的同仁自願退出角逐。公司的高階主管大嘆每年花費大把鈔票，卻得不到員工的認同與支持，只得從善如流，取消這項一年一度的盛會。

這個例子並不意味著舉辦類似活動來鼓舞員工士氣有什麼非議之處，只是在提醒主事的高階主管們，想光靠這種偶一為之的「嘉年華」盛會來提高工作效率，乃至於公司的利潤，都是不切實際的做法。

你希望下屬對目前及將來的工作環境產生好感，除了及時給予金錢獎勵之外，「精神紅包」也是不可或缺的要素。

首先了解下屬對工作、將來及公司一切的看法和感想，並且給予他們一個良好的工作環境，以下 20 項「精神紅包」必須熟讀及運用：

1. 利用某些場合，如開會時，給予表現優秀的部屬書面或口頭上的表揚。所謂讚揚並不是隨便扔幾句好聽的話，而是給他們衷心的讚美。

2. 對於表現出色的員工，讓他們分享成就，別光是自己邀功，這會令他們感到洩氣。

3. 容許部屬表達意見、提出詢問和報告，或將他們想問的問題和意見列在備忘錄中，表示重視他們的存在。

4. 邀請一些表現出色的部屬出席重要會議，並鼓勵他們在會中發言。

5. 重視部屬給予的批評，或許他們是存心擺脫現狀以求上進，但他們的進言是值得留心的。

6. 鼓勵員工提出和自己完全相反的意見，綜觀事情的發展可能性，無論員工的構想是否可行，都顯示他們對公司有著期望。

7. 抽空和部屬餐敘、喝啤酒，彼此了解性格，減少發生誤會的可能。

8. 花些時間跟部屬聊天，以建立良好關係，並且參與他們的業餘活動，擴大自己的生活圈子，也多認識一些朋友。

9. 和部屬討論他們的理想和目標，衡量他們的潛能是否得以發揮，給予作為朋友身分的忠告和意見。

10. 建議部屬參與工作相關的課程，盡力給他們升職機會，比加薪更好。

11. 給部屬參與新工作目標及任務的機會，使他們知道工作充滿新意。

12. 將部屬介紹給公司最高層的人員認識，鼓勵他們向人學習，並使他們的出色表現受到注意。

13. 給部屬力爭上游的機會，別隨意打擊他們的信心。

14. 當你做一項決定或指派一些任務時，甚至進行評估時，應該想想自己的決定會不會影響某些人，盡量將影響減至最低，或做出適當的補償。

15. 要求自己及部屬都和氣、誠實、公正和公開。

16. 顧及部屬的感受，尤其是他們犯了錯誤時，應該關門告知，別以殺一做百的方法對待；否則令他們下不了臺，其餘部屬亦不會欣賞你的行徑。

17. 鼓勵部屬從同行吸收知識，多方面發掘才能。

18. 清楚了解部屬工作以外的才能，或許有更適合他們的任務和工作。

19. 鼓勵和幫助部屬設定假想敵或目標，充分發揮潛能。

20. 部屬達成目標時，除了口頭或書面讚揚，實質鼓勵如分紅、加薪等甚具鼓勵作用，但不宜濫用，失去讚揚的原有意義。

　　或許你會認為這一切實行起來，談何容易，因為上有高層，下有能力參差不齊的員工，所有員工都以你的行動為依歸，但你的決定和提議，並不會被高層接納，高層的壓迫、下屬殷切的期望，你也許會感到喘不過氣。

　　要知道你大部分時間和職責，都是面對你的下屬，所以倘若你處理方法得宜，也就是盡了本身的大部分責任。諂上壓下的方式絕對行不通，理智的高層會以你的工作成績評定你的前途，不會因為無意義的諂媚蒙蔽了耳目。

學會批評的藝術

下屬做了錯事，主管一味做好好先生也是不行的，這樣不但無形之中會助長做錯事的員工的勢頭，也會挫傷那些有能力的員工的工作積極性。所以，對工作出錯的下屬，適當的批評是必要的。

▶ 不要當眾指責下屬

有的上司喜歡在眾人面前斥責下屬，是想以此來把責任轉移到下屬身上，好讓上司、客戶或其他下屬知道，這不是他的錯，而是某個下屬做錯事，其實這是非常錯誤的做法。

身為主管，無論如何都應對單位的人與事負責任，一味強調自己的不知情，反而會在下屬及客戶面前暴露出你管理不力或由你所制定的管理體制不健全的問題，更糟的是，還會留給他人自私與狹隘的印象。

單位所出現的一切問題，作為主管你都必須負起這個責任。如果你以下屬為擋箭牌，逃避責任，作為代罪羔羊的下屬很可能因此自暴自棄，以後任何活動、任何工作再也不會熱衷了。

在發生問題的時候，上司確實不十分知情，該把有關人員找來，把問題問清楚，然後讓下屬繼續工作。上司應該負起責任處理問題，等上司或客戶走了，有必要糾正、責備時再嚴格執行處罰條例。

▶ 不要指責已經認錯的人

下屬在工作中有了失誤，並向上司認了錯，那麼不論是真認錯還是假認錯，上司都必須先把它肯定下來。然後，便可以順著認錯的思路繼續探討下去：錯在什麼地方？為什麼會犯這樣的錯誤？造成了什麼後果？怎樣彌補因這個錯誤而造成的損失？如何防止再犯類似錯誤等等。只要這些問題，尤其是最後一個問題解決了，批評指責的目的也就達到了。

第五章　領導得心應手

▶ 不能因失敗而指責

失敗是一種令人沮喪的事情，而最沮喪的便是失敗者本人。

失敗的原因是各式各樣的，或是做事的人主觀不夠努力，或是辦事者經驗不足，再或者是由於某些客觀條件不夠成熟，甚至可能是由於巧合，偶然地失敗了。在所有這些原因中，除了主觀不夠努力而須指責外，其他都不能簡單地歸罪於失敗者。如果不分原委地指責失敗的下屬，必然無法獲得預期效果。

當然，也不是說失敗時一概不可責備，只是以下幾種情況下不宜責備下屬：

- **動機是好的**：同樣是失敗，如果動機是好的、沒有惡意的話，則不可指責。指責的目的是糾正和指導，只須糾正他的方法就可以了。反之，基於惡意、懶惰所造成的失敗，就須給予處罰。
- **指導方法錯誤**：由於上司或前輩的指導方法錯誤而造成失敗，當然也不能指責。要先弄清楚誰是該負責的人。
- **尚未知結果之事**：剛試著做或正在進行中的事，結果尚不明確，不能加以指責。否則，下屬就會沒有勇氣再嘗試下去，造成半途而廢的後果。
- **由於不能防止或不能抵抗的外在因素的影響**：這種情況當然不是下屬的錯，下屬沒有義務承擔這個責任。沒有責任就不能指責。

▶ 不要採用家庭式的指責法

上司與下屬的關係，與家長和孩子的關係不無相似之處，但又不盡相同。家庭是由有血緣關係的人組合而成的，由一種沒有任何東西可以替代的親情緊緊地維繫著。家庭中當然也有快樂與痛苦，但每人都責無旁貸地

分擔著苦與樂，這和以勞動契約為基礎而結合的工作關係有著本質的差異。即使工作場所的氣氛非常融洽，也不可能是一家人。在家庭中，再沒有道理的指責，都可能因為特殊的親情連繫而得到諒解、理解。但在工作中，不適當的指責會給雙方關係帶來損害。日後無論怎樣苦心挽回，要恢復都是非常困難的。

▶ 不要指責自己也無法做成的事

古語道：「己所不欲，勿施於人」。身為上司，有些事自己去做也無法完成，那麼下屬做不好時，也就不能輕易地責備他們。當然，現代社會科學發達，社會分工越來越細，湧現了許多新的、複雜的、專業化的東西，上司是不可能樣樣精通的。連自己也無法做成的事就不應指責下屬，謙虛的態度加上嚴格的要求，想來是能夠說服下屬的。

▶ 切忌任意發脾氣

身為上司難免有情緒低落的時候，如果因為自己的情緒不好而隨意指責下屬，很容易引起下屬的不滿及敵對情緒。

▶ 批評要因人而異

不同的人由於經歷、教育程度、性格特徵、年齡等的不同，接受批評的承受力和方式有很大的區別。這就要求主管根據不同批評對象的不同特點，採取不同的批評方式。

不同的人對於同一批評，會有不同的心理反應，因為不同的人，性格與修養都是有區別的。

可以根據人們受到批評時不同的反應將人們分為遲鈍型反應者、敏感型反應者、理智型反應者和強個性型反應者。反應遲鈍的人即使受到批評

也滿不在乎；反應敏感的人，感情脆弱，臉皮薄，愛面子，受到斥責則難以承受，他們會臉色蒼白，神情恍惚，甚至會從此一蹶不振，意志消沉；具有理智的人在受到批評時會感到有很大的震動，能坦率認錯，從中汲取教訓；具有較強個性的人，自尊心強，個性突出，「老虎屁股摸不得」，遇事好衝動，心胸狹窄，自我保護意識強，心理承受能力差，明知有錯，也死要面子，受不了當面批評。

針對不同特點的人採用不同的批評方式，對自覺性較高者，應採用啟發做自我批評的方法；對於思想比較敏感的人，要採用暗喻批評法；對於性格耿直的人，採取直接批評法；對問題嚴重、影響較大的人，應採取公開批評法；對思想麻痺的人應採用警示性批評法。在進行批評時忌諱方法單一，死搬硬套，應靈活掌握批評的方法。

正確的批評要求細密周到，恰如其分，普遍性的問題可以當面進行批評，對於少數現象就應個別進行。另外，也可以事先與之談話，啟發他進行自我對照，使他產生「矛頭不集中於『我』」的感覺，主動在「大環境」中認錯。另外，還要避免粗暴批評。

對下屬的粗暴批評不會產生很好的效果。員工聽到的只是惡劣言語，而不是批評的內容。他們的心中充滿了不服和哀怨。這就使其產生叛逆心理而不利於問題的解決。

要學會運用「恩威並濟（Carrot and Stick）」的策略，防止只知批評不知表揚的錯誤做法。在批評時運用表揚，可以緩和批評中的緊張氣氛。可以先表揚後批評，也可以先批評後表揚。

批評還要注意含蓄，借用委婉、隱蔽、暗喻的策略方式，由此及彼，用弦外之音，巧妙表達本意，揭示批評內容，引人深思而領悟。萬萬不可直截了當地說出批評意見，開門見山點出對方要害。

在批評時，可以運用多種方法。如：透過列舉分析歷史人物是非，烘托其錯誤；透過列舉和分析現實中的人物的是非，暗喻其錯誤；透過分析正確的事物，比較其錯誤；還可採用故事暗示法，用生動的形象增強對他的感染力；笑話暗示法，透過一個笑話，使他了解錯誤，既有幽默感，又使他不至感到尷尬；軼聞暗示法，透過軼聞趣事，使他聽批評時，受到點影射，也易於接受。總之，透過提供多角度、多內容的比較，使人反思領悟，從而愉快地接受批評，改正錯誤，這才是我們所關心的問題。

對於十分敏感的人，批評可採取不露鋒芒法，即先承認自己有錯，再批評他的缺點。態度要謙虛，謙虛的態度可以使對方的抵觸情緒很容易消除，使他樂於接受批評。例如，可以對人這樣批評：「這件事，你辦得不夠漂亮，以後要注意了。不過我年輕時也不行，經驗少，也出過很多問題，你比我那時強多了。」

有時一些問題一時未釐清，涉及面大或被批評者尚能知理明悟，則批評更要委婉含蓄。先表明自己的態度，讓下屬從模糊的語言中發現自己的錯誤。但是，也不能一概而論，對嚴重的錯誤，應該嚴屬批評。另外對於執迷不悟者和經常犯錯誤者，都應作例外處理。要麼是他們改正錯誤，要麼是你不用他們。

▶ 選擇適宜的時機

批評下屬是每個主管的重要課題。如何在適當時機提出中肯的忠告？

- **批評需要一定的前提**：首先，批評和接受批評的雙方應該以足夠的信任為基礎，如果無法取得對方的信賴，即使所持的見解確實言之有物，見解精闢，卻依然無法令對方折服。其次，批評者必須有純正的動機和建設性的意見，在進言之前先要確定自己的言行有助於對方，

而且確能發揮實際效用。有許多批評，經常以「我只是想幫助你」為由，事實上卻是為了一己之私欲。第三，你和被批評的對象之間有足夠的關係，構成批評的理由，而你又有足夠的時間分析自己的看法。真理並不是任何人所能壟斷或獨占的，當我們觀察別人時，總免不了以個人有限的經驗和一己的需求作衡量尺度，難免失之偏頗，最好的辦法就是在提出批評之前，先請教協力廠商，使你的言論更能切合實際，合乎客觀。

- **時機必須適當**：當一個人心平氣和較能以客觀立場發言時，就是談話的適當時機。假若你心中充滿不平，隨時可能大發脾氣，那麼最好先讓自己冷靜下來，因為過分情緒化的表現，不僅無濟於事，反而有害。掌握事情發生的時效，在人們記憶猶新之時提出批評。假如你在事情發生幾個月以後才提出來，這時人們的記憶已經模糊，你的批評反容易使對方留下「偏頗不公」的印象。

除了個人的心理狀況外，也要把對方的心理狀況考慮在內。你應該在對方事先已有心理準備，並且願意聆聽的情況下，提出批評。假若對方情緒低落，那麼就等到他恢復冷靜時再說出你的看法。假若對方向你尋求幫助時，你也應該盡可能把事實告訴他。

▶ 用詞要恰當

「你是騙子」、「你太沒有信用」等話會刺傷對方。只要評論事實即可，即使是對方沒有信用也不能如此當面斥責。此外，千萬不要否定下屬的將來。「你這人以後不會有多大出息」，「你這樣做沒有人敢娶你」，「你實在不行」。主管是不該說出這樣的話的。須以事實為根據，就事說事，就部下目前情形而論，不要否定下屬的將來。

應該用具體的事實作例子，最好從最近發生的事情說起。避免做人身攻擊，例如開門見山地說：「你工作不力。」這類批評容易引起對方的不滿，甚至導致衝突；妥當的方法是舉出具體的事實說：「你的報告，比預計的進度慢了兩天。」

▶ 加入適度的讚美

歐美一些企業家主張使用「三明治」批評方法，即在批評別人時，先找出對方的長處讚美一番，然後再提出批評，而且力圖使談話在友好的氣氛中結束，同時再使用一些讚揚的詞語。這種兩頭讚揚、中間批評的方式，很像三明治這種中間夾餡的食品，故以此為名。用這種方式處理問題，對方不會太難為情。減少了因被激怒而引起的衝突。這種方法在很多情況下是比較有效的，其優點就在於由批評者講對方的長處，起到了替對方辯護的作用。對方的能力、為人、工作是否努力等方面，有很多可以肯定的地方，批評者如果視而不見，對方可能會覺得不公平，認為自己多方面的成績或長期的努力沒有得到應有的重視，而一次失誤就被抓住，大概是對方刻意和自己作對。而批評者首先讚揚對方，就是避免對方的誤會，表明主管對他的工作的承認，使他知道批評是對具體事而不是對人的，當然也就放棄了用辯解維護自尊心的做法。

當我們聽到別人對我們的某些優點表示讚賞之後，再聽到他的批評，心理往往會好受得多。威廉‧麥金利（William McKinley）在西元 1896 年競選美國總統時，也曾採用過這種方法。那時，共和黨有一位重要人物替麥金利寫了一篇競選演說，他自以為寫得很流暢，便大聲地念給麥金利聽，語調鏗鏘，文情並茂。可是，麥金利聽後，卻覺得有些觀點很不妥當，可能會引起批評的風暴。顯然，這篇講稿不能用。但是，麥金利把這件事處理得十分巧妙。他說：「我的朋友，這是一篇精彩而有力的演說

稿。我聽了很興奮。在許多場合中，這些話都可以說是完全正確的。不過用在目前這種特殊的場合，是不是也很合適呢？我不能不以黨的觀點來考慮它將帶來的影響。請你根據我的提示再寫一篇演說稿吧！怎麼樣？」

那個重要的人物立刻照辦了。此後，這個人在競選活動中成了一名出色的演說家。

有的主管認為先講讚揚的話，再批評，帶有操縱人的意味，用意過於明顯，所以不喜歡用。這種說法也有一定道理，因為當你找到某人就表揚他，他根本聽不進去你的表揚，他只是想知道，另一棒會在什麼時候打下來 —— 表揚之後有什麼壞消息降臨。所以在更多的時候，許多領導者把表揚放在批評之後，當我們用表揚結束批評時，人們考慮的是自己的行為，而不是你的態度。以下是正確、錯誤的兩種說法：

- **正確**：「我相信你會從中學到竅門 —— 只要堅持試一試。」
- **錯誤**：「你最好馬上就改進，要不然就別做了。」

在批評結束時對下屬表示鼓勵，讓他把對這次批評的回憶當成是促使他上進的力量，而不是一次意外的打擊。此外，還應該讓對方知道，雖然他屢次在某件事上處理不當，然而你卻尊重他的人格。為了把你的尊重傳達給對方，適度的讚美和工作上的認同是必要的，否則光是針對對方的某項缺失提出批評，容易讓對方感到不受尊重，因而心懷不平。

▋為下屬留下發展空間

每位員工的能力都不一樣，所以，給員工交代工作的方法，也須按各人能力的不同而區別對待。把工作委任給下屬去做，是非常重要的事情，但要是員工能力不足，無法順利完成工作，那麼反而讓他傷透腦筋。

　　所以，你應按對方的能力而委派工作，一旦發現對方的工作無法順利進行時，就要協助他、支援他。如果工作沒有順利地完成，就認為都是下屬的過錯，那麼，事情是絕不能獲得改善的。

　　不過，也須注意支援的方法。例如：有甲、乙、丙三個員工，把交給他們的工作目標都定為 100，這時，假定甲擁有 60、乙擁有 40、丙擁有 80 的能力。

　　由此可得知，甲的能力尚差 40，為了彌補這個不足的能力，當然要給他一點支援。但是，如果給他 40 的支援，那就不對了。此時，不管是給他支援或是直接做指示，都只能做到 30 的地步，要為甲留下一點發展的空間，才是正確的做法。

　　如果你補充了全部不足的能力，那麼，甲的能力就無法得到拓展。同時，更糟糕的是，甲會認為每當自己能力不夠時，你就一定會竭盡全力支援他，因此產生依賴的心理。而依賴的心理一旦產生，就是退步的開始。

　　簡單地說，幫助下屬時，要留下可以讓對方發展的餘地。一個人要是拚命工作，能力當然會有所成長。如果你過於親切，太過於保護員工，將得到適得其反的效果。

　　如果繼續採用這種方法，那麼對乙就要幫助 50，留下 10 讓他自行發揮；對丙就可以不用支援，讓他自己去做就行。就這樣按照工作的難易度和對方的能力來判斷他是否能順利地完成工作。如果在懂得這種現代管理方式的管理人手下工作，員工就會成長；要是在不了解這個方法的主管手下工作，員工將沒有成長的機會。

　　然而，如果當員工有困難時不加以協助，員工很可能就會失敗，如此一來，一樣無法達到完成工作的目標。因此，把工作委派給員工時，須充分觀察整個事件進展的狀況或潛在的障礙。同時，也應該了解支援到何種

程度才最恰當，並且別忘了留下讓他發揮的餘地。

簡單地說，你要和下屬分擔工作，而更重要的是，你要留下適當的發展空間。

如何對待能力不足的下屬

任何新任的基層主管都會發現，他的下屬中總有那麼一些人，儘管工作態度很認真，能吃苦，聽指揮，但工作總是做得不如別人好，有些力不從心。其中有些人常常變得精神頹廢，缺乏熱忱，自暴自棄，見人不敢抬頭。對於這些人如果放棄不管，無論是對公司還是對他們個人，都是極大的損失。

一般的上司往往只垂青於那些才華橫溢、有突出成就的人，經常表揚他們，鼓勵他們，而很少注意這些能力低、成績差的人。這樣做實際上是不懂怎樣調動人、培養人。因為在一個單位裡，才能出眾的人畢竟只是少數，而才能平庸和低下的人則是多數。如果扔下這些人不管，整個職工隊伍素養就很難得到提升。那麼，怎樣幫助這些人呢？

- **消除自卑感**：人有了自卑感後，即使有能力也難以發揮出來。其實，除了少數能力特別突出的人外，其餘人的能力相差並不大。如果能讓他們增加信心，消除自卑感，他們甚至可以取得與能力強的人一樣的成果。所以，上司要親近這些人，多與他們進行交流，列舉他們的優點和成績，證明他們並不比別人差多少，也一樣可以做得更出色，從而激發了他們的上進心和自信心。

- **為他們指點迷津**：對這些下屬，需要比對別人多花一點精力。給其他下屬分配工作，交代清楚就可以了；給這些人分配工作，要更明確、具體一些，不僅要交代任務，而且要教途徑、教方法，在其完成任務

的過程中，要加強指導，幫助他們克服困難，清除障礙，使之不斷增加經驗，滿懷信心地發揮自己的才能。

- 需要注意的是，身為上司，你不能手把手教他們一輩子，必須在提高他們本身的能力上下功夫。也就是說，對能力低的人，最好的辦法不是「餵」他們，而是想辦法使他們學會多動腦筋「自己飛起來」。

- **不要損傷他們的自尊心**：能力低的人自卑感強，自尊心也很強。面對這樣的下屬，安排工作時不要損傷他們的自尊心。需要批評時，也要婉轉，否則容易使他們產生敵對心理，或從此自暴自棄，破罐破摔。

- **讓他們先出成績**：安排工作時，找一些相對比較容易的工作讓他做，完成得好，出了成績，哪怕是小小的成績，立即表揚鼓勵，讓他們從自己的成功中看到希望，增強信心。隨著其能力不斷提高，對他們的要求應不斷提高。相信過不了多久，他們的能力就會有很大的提升。

- **必要時給點壓力**：對於能力低的下屬，給他們開「小灶」是必要的，但也不能因此而嬌慣他們，讓他們過於輕鬆。特別是當他們的能力有了一定提高之後，要時常給點壓力，或用語言「點」一下，或是用別人的事例「激」一下，或是在工作上適當「加點碼」，使他把壓力轉化為內在動力。

▎不可犧牲下屬

張部長個性開朗、嗓門很大，只要他到某個部門，該部門的氣氛就會活潑、明朗起來。

有一天，他跟手下的一位科長交談，並贊同科長所提的提案。雖然該提案需要對公司現行政策進行調整，但因為它是一項嶄新的計畫，又得到部長的支持，所以科長非常興奮地立刻著手準備。

第五章　領導得心應手

　　科長首先進行調查，然後再三研究、規劃，一面和部長商量，一面積極地跟其他部門協調。一切情況都很順利，科長覺得實現計畫應沒有問題，於是開始向相關的外界人士展開遊說，希望他們接受這項提案。

　　但是，最後要跟常務董事開會，以便授權給科長處理所有事情之前，張部長卻告訴科長，他要去參加一個重要客戶的喜宴，不能參加會議，並向憂心忡忡的科長保證，已經和董事們溝通好了，一切都沒有問題。然後，就參加喜宴去了。但是，當科長參加董事會議時，因為又有更新的計畫，所以這項計畫就被保留。而且，經辦的常務董事次日就到外國出差了。結果，這項計畫就擱淺了一個月。

　　如此一來，此項計畫除了重訂實施日期外，已別無他法。但是，科長已經和公司內外都交涉好了，因此，其處境真是十分窘困。他回來後和張部長商量，恰好此時張部長又有其他事情，所以向各方道歉的責任，也落到科長身上。

　　自此之後，下屬對張部長的看法完全改觀。這位科長經常以失望的眼光看待部長；其他的科長或組長被部長催促工作時，也都突然變得警戒性很高。部內發生這件事之後，過去明朗愉快的氣氛已消失無蹤，代之而起的是下屬暗淡的心情。

　　信賴感是管理的基礎，而得到這個基礎的重要條件是，不可犧牲下屬。

　　不管管理者本身多麼忙碌，也都應該經常掌握每位下屬的狀況。假使發現下屬有困難，就要幫助他，讓他能夠順利地成功。如果只是一味地催促下屬工作，而沒有給予任何幫助，下屬就不會放心地聽從上司的指示。

　　雖然已經與下屬建立良好關係，且充分贏得他們的信賴，但是，如果有一次因自己的疏忽而造成下屬的失敗，就會馬上失去原有的信賴。因此，想一直維持被下屬信賴的關係，並非那麼容易。

想得到下屬的信賴，就須先深入地了解他們的工作情形，而且也需要有迅速的行動。同時，這些也跟管理者關懷下屬的程度有關。

區別對待個性不同的下屬

下屬來自五湖四海，如同舞臺上的各位演員。社會學家將人的人格特質分為四大類：指揮傾向者、關係傾向者、思考傾向者、聽命傾向者。對不同個性特質的下屬你不妨這樣做：

▶ 指揮傾向者 —— 一切讓他來操作

指揮傾向者以自我為中心，喜歡管理別人，而且願意承擔責任，他們公事公辦，講究效率，注重實際，往往提前完成工作。這類人關心結果，自己設定並努力完成目標。他們注重事物本質，基於事物的運作情況，認為成功比人際關係來得重要。在競爭中求生存，而且以成敗確定自己的價值。

除了獨立自主和專心致志朝目標努力外，指揮傾向者喜歡追隨強勢上司。指揮傾向者能輕易上陣，卻不善於處理人際關係；他們往往從過程中學習；對低效率和優柔寡斷者深惡痛絕。

對於有指揮傾向的下屬，你必須支援他的目標並獎勵他的工作效率。

正因為指揮傾向者有這樣的特質，所以，就算你是主管，也要盡量讓這種類型的人覺得，凡事都在他們的掌握之中。因為他們可能是唯一知道要怎樣把事情做好的人，千萬不要告訴他們怎麼做，最好是出選擇題給他們，由他們自己決定。指揮傾向者最大的恐懼在於怕失去控制能力。這也是為什麼他們非得達到巔峰才會開心的原因。

第五章　領導得心應手

▶ 關係傾向者 —— 旁人的評價更重要

和重事不重人的指揮傾向者不同，關係傾向者重人不重事。他們是處理人際關係的專家，看起來比較隨和友善，不會像指揮傾向者那樣咄咄逼人。關係傾向者往往做事優柔寡斷，對關係感興趣，較不注重結果。容易因為別人的關注而努力工作，而且相信擁有良好的人際關係比成功的事業更踏實，在意他們的行為對周圍環境的影響，常常自問自己的人緣好不好。

要激勵關係傾向者，必須接納他們的喜怒哀樂，關心他們的私生活，並且耐心聆聽。和這類下屬談話，如果你眼神飄移，容易增加他們的不安感，因為他會認為你不夠專心，不尊重他們。關係傾向者希望在不必負任何責任的狀況下發揮影響力。他們因為缺乏安全感，而往往從觀察中學習，並喜歡和人分享感受，但較不喜歡動手去做。

因為關係傾向者最大的恐懼是怕被人拒絕，所以特別注重與人融洽相處，更在乎上司對他們的反應，因而是屬於比較容易領導的類型。對這類下屬要多用鼓勵的言行來激勵他們做好工作。

▶ 思考傾向者 —— 不要追求完美

思考傾向者總是希望弄清楚事情的來龍去脈。這是他們最大的缺點，也是最大的優點。他們狂熱地搜集資訊，以致往往誤了時效。

思考傾向者雖然條理分明，不過常常過於注意細節，因而變得有點吹毛求疵。他們投入愈多，就愈心虛、害怕；因為懂得愈多，才發現自己不懂的更多。

要激勵思考傾向型下屬，必須肯定他們的想法、分析能力及追根溯源的本領。不過，你同時也須提醒他們要及時完成工作，因為他們也多半是完美主義者。這種類型的下屬常會給自己設定過高的標準，而且非常害怕

別人的批評。他們討厭驚奇，對不可預測的事感到威脅，常不會因為別人的道歉而態度軟化。因為思考傾向型下屬會用精確、詳盡的標準來衡量他們的價值，所以你要曉之以理，而不要動之以情。

▶ 聽命行事者 —— 忠誠可靠的下屬

聽命行事型下屬忠心、可靠，做事缺少變化。他們對一再重複的工作樂此不疲，同樣的事情，做得愈多，他們會愈喜歡，而且心裡覺得踏實。這類下屬循規蹈矩、順從規範、遵循政策、重視流程，在設定的結構內工作，寧願被監視，願意被別人指揮，而且心裡長存飯碗隨時不保的恐懼。

激勵聽命行事型下屬的最佳辦法就是：支援他們的計畫，你不需要特別擔心，因為他們做事謹慎，一定會將風險減到最低。

因為指揮傾向者專注，思考傾向者擅長分析，聽命行事者忙著做事，關係傾向者是最佳的傾聽者，四者各有特色。以下便是和他們相處的要領：

- **指揮傾向者心不在焉時**：他們人在心不在；當別人在講話時，發覺他們的眼睛不知道在看什麼。要引起他們的注意，最好是將身體往前傾，注視他的眼睛，然後暫停說話。等對方察覺到你已經停止講話時，找他們感興趣的話題詢問他們的意見。

- **當思考傾向者過度吹毛求疵時**：吹毛求疵的人雖然在聽你說話，可是卻會不斷地從你的話中雞蛋裡挑骨頭，以致忽略了重點。所以，先建立談話的良好氣氛，保持耐心，在討論細節前，先提出重點。

- **當關係傾向者過度順從時**：關係傾向者因為不想得罪別人，所以常表示贊同。為了要讓關係傾向者更能誠實地表達他們的看法，最好透露出你的恐懼，然後請他們發表意見。之後，為了獎勵他們的誠實，不管他們說什麼，你都要表示認同。

第五章　領導得心應手

激勵下屬的關鍵是：給他們想要的東西。而下屬想要的是什麼呢？美國紐澤西州立羅格斯大學 (Rutgers University, The New Jersey State University) 曾做過一項研究：請員工將有關工作的十個因素，依重要順序排列出來。另有一群經理人亦接受同樣的調查，列出他們認為員工會重視的十項因素的順序。

上司列出來的前三大因素是：加薪、升遷、工作保障。

下屬重視的前三大因素則是：尊重、個人成長及表達意見的自由。依次下來的是對個人的體貼、對工作績效的欣賞與肯定、確定告知公司的政策或決策。

事實上上司和下屬的看法都沒錯。假使下屬的收入無法養家糊口，那麼他們的第一個選擇可能就是與金錢有關的答案。亞伯拉罕‧哈羅德‧馬斯洛（Abraham Harold Maslow）告訴我們：所有的人，即使不必為錢工作者，一生都在尋尋覓覓，滿足五種不同的需求：

- **生理的需求**：食物、睡眠及遮風擋雨的地方，是基本的需求。
- **安全的需求**：銀行存款、保險及工作的保障，都是安全的生存需求。
- **歸屬的需求**：人都想歸屬於某個團體，並被其接受。家庭是我們最初接觸的團體，工作夥伴又形成另一個團體。那些對工作場合的社交活動不以為然的經理人要注意：你是在剝奪員工的基本需求，同時也剝奪你自己取得良好資源的機會。
- **受人尊重的需求**：每個人都希望別人感激他們的付出。如果沒有，他們會興致低落，無精打采，最後掉頭就走。
- **自我實現的需求**：許多人花很多時間，努力讓別人接受他們，感激他們，並獎勵他們。

▎如何對待年長者

如果你是新任的年輕主管，一定會有這種體會：

年輕的下屬還容易應付，至於年長者可就棘手了。某大企業新任的年輕主管曾這麼嘆息道：「如果他們說：『像你們這樣的特快車就先開吧！我們這種慢車只有在慢車道等著，你們好好做，我們在後面跟著。』而待在那裡不動的話，實在拿他們沒辦法。」

確實是很難！因為他們認為，公司擅自推翻了按資歷升遷的先例，著實背叛了與他們的協議向時辜負了他們對公司的期待，所以他們便將此怨恨朝向新任主管發洩，使他左右為難。

這樣的情況下，該如何是好呢？

最基本的還是前述的傾聽法，也就是活用「煩惱說給人聽會減半，喜悅說給人聽會加倍」的原理，對於年長下屬的憂煩、怨恨、悲傷、不平不滿的心結不要覺得麻煩，安排幾次機會聆聽他們傾訴，如此一來，他們心理上的壓力自會舒減，就能客觀、冷靜地反思自己的工作能力、意願及業績，對於親自聆聽自己牢騷的年輕主管一定也會心存好感。

此刻，你可多加詢問其過去的工作狀況，附和著他們的話，並以客氣的言詞與其交談，他們的態度就會變得非常溫和。

第二個方法則是，不僅在工作上，有關人際問題、社會經驗等，都可以向年長者請教。儘管在公司中你是他們的上司，但是你還是以完全尊重長者的姿態向他們請教，他們也會產生滿足感。

第三個方法非常有效，就是在年長或資深的下屬中找出具有非正式領導地位的人，讓他和你站在同一陣線上。就算他因為運氣不佳，無法謀得一官半職，但是實力還是有的，用這種人做助手，有關工作和團體運作方面甚至於任何事都可以找他商量，徵求其意見。這不是一種由公司任命的

職位制度，但可以認為是一種非正式的職位制度。假使年長者人數眾多時，只要你牢牢地掌握住這個助手，工作起來便能駕輕就熟。而對於不好，開口的事也可請其代言或帶頭，你將發現非常有效。

▎對付「小團體」的招數

每次中午吃飯，小張總是與老劉、大蔡聚在一起。每當主管召開會議時，他們喜歡並排坐在一起，在公司中儼然成為所謂的「小團體」。

身為主管，須了解公司內不同的小團體，也就是所謂「次級團體」。

小團體，是因某種需求結合而成。基本上，公司內的小團體大都來自於同質性的結合 —— 同鄉、同校，或相同的興趣、個性，甚至利益。這些林林總總的小團體，都只是在說明人性「歸屬感」的強烈需要，也就是弗羅明所言，人因害怕孤獨，所衍生而出的「關聯需求」。

因此，主管不必擔心小團體的結合，因為這是人性使然。主管反而要積極地在不同的小團體中培育三種能力，激發次級團體的動力，以此創造更大的團隊凝聚力與生產效率。

▶ 進出自如的能力

當你高高在上，不屑與各種人際小團體產生「對話」時，日久必然鞭長莫及，產生更大的隔閡。

但如果你只知一味顧及某個小團體：抑或刻意利用某小團體來壓制另一個小團體藉以鞏固勢力時，必然激起更大的分歧與裂痕。如此，不只造成小團體的彼此對峙，相互攻訐，最後也必將轉移到你的身上。

因此，你須深諳「走動管理」的藝術，不只在日常生活中，與各個不同的人際小團體建立溝通管道，讓他們獲得「被關照」的滿足。而且也要

小心翼翼，不讓自己陷入每個小團體的利害衝突中，甚或落在不必要的主觀偏頗裡，喪失「有容乃大」的泱泱君子之風。

此即「進出自如」的能力。一方面能包容不同的小團體，一方面又能與不同的小團體維持均等關係。

▶ 正向導引的能力

當一個人越走向「自我實現」的最高層次時，必然超越人際關係中無聊的是非。

小團體既為人性需求，身為主管，就必須使每個小團體確實發揮其正向積極的功能。不只使之脫離依附性的病態共生，更能促使潛能發揮，甚至是生產成效的健康共生。

生產成效，常來自於個人對自我存在的高度滿足感。一個公司應鼓勵，並提供或配合各種機會、環境，甚至給予補助，產生各種追求自我價值成長的小團體。如登山社、語言社、才藝班、合唱團等，甚至專業訓練班。

如此，許多成長社團，不只使每個小團體的結合產生正向的凝聚，並將因之提升個人的自我滿意度，進而創造出員工本身對公司的向心力與共識，同時促進生產成效。

而且，因「成長」而結合的小團體，勢必產生積極正向的向心力，帶動整個公司的組織氣候，蔚然形成一種成長風氣，無形中使相互敵對的小團體，彼此之間蠢蠢欲動的破壞性殺傷力，也就日趨消減。

身為管理者須有正向導引的能力，不應漠視成長小團體的需求，而且不只在口頭上允諾各種社團的成立，更要積極予以推動，甚至讓每個社團每半年均有一次成果展示。至於非社團的小團體，你也須懂得如何予以激勵其在專業上或自我實現方面的成長。諸如研究報告或才藝發表，充分給予成果驗收的表現機會。

第五章　領導得心應手

▶ 積極組織的能力

當次級系統的緊密度越強，出現頻率越多時，就是象徵安全與歸屬感的高度需求表現。

一般而言，任何小團體的結合，經過一段蜜月期後，必然衍生出不必要的排他性與敵對性 —— 對抗其他小團體或個體（管理者）。此種負向特質的迸發，必將使原有的成長目的喪失意義，並破壞大團體的和諧。

因此，主管須敏銳注意到每個小團體負向症狀的散發前兆，並在平常即展現組織的能力。以下提供一些運作方式。

- **融入大團體**：有計畫地舉辦公司或單位的大活動，可能是各種競賽、運動會，甚至餐會，將各種小團體完全併入此「大團體」活動中，如此，使原本頻繁緊密的小團體關係融入大團體中，進而與其他員工產生新穎的積極結合力量，萌生對大團體的共識。

- **突破小團體**：你也可在各種計畫、研討或活動分組中，順勢「打散」每個小團體的固定成員，讓各種不同圈圈的成員，分別湊合在同一個小組內，使原本封閉的「同質團體」變成開放的「異質團體」。甚至，有時「故意」改變開會、聯誼的「座位」。如此，因不同的結合，不但拓展員工對他人的接納與了解，員工之間彼此透過不同的組合，也可激發大團體 —— 公司或部門的活潑與和諧。

這種積極組織的能力，你必須知道如何在平時就適時地把每個小團體組合為一個大團體，讓每個小團體自然融於大團體中。

▶ 培育英雄的能力

要給員工「一個機會」！

不只要讓每一個員工意識到自己是「重要的人物」，不是機械中的小

螺絲釘而已！而且更要讓「每一個員工」成為「強者」，不是「弱者」而是單位裡的「特殊英雄」。

在一個高度「利他」價值的社會形態中，當團體（小團體）中僅有一個英雄人物時，便常是問題的開始。

對於一個強調含蓄、謙讓的東方保守文化體系中，安於「被領導」的人比比皆是。人們因「低估自己」的可能性與特殊性，結果常屈附逢迎，尋找庇護，甘於受人役使，展現「奴隸性格」，在小團體的「威權人物」中迷失自我，不只壓抑、盲從，更形成一種偶像崇拜及仗勢起鬨的現象，喪失獨立自主的人格。

因此，你不但要幫助每個員工去「發掘」個人存在的可能性與特殊性，更要確認每個員工獨特的貢獻，鼓勵對方積極「展現」其能力。從發掘、確認及展現的三個過程中，塑造自己成為英雄，成為強者。

你要看得更遠，不是去打壓英雄，而是用心去培育英雄，讓每一個員工都具有獨當一面的能力，擁有獨立自主的人格，如此方不致在小團體中依靠強者，希冀獲得呵護關照。

當每一個員工都是英雄（強者）時，無形中便造成一種制衡現象，擁有自我意識感，而不是受制於「唯一的英雄」，並且也因之激發起團隊合作的共識。

「強將手中無弱兵」，當每個員工都是英雄時，就會超越小團體中的「小我」，而創造出一個「大我」。

公司一定會有小團體，你如果懂得進出自如、正向導引、積極組織，並且培育英雄，則每個小團體反而會成為公司發展的力量，而不是阻礙的欄柵。

第五章　領導得心應手

▎適度放權

　　許多主管被提升到他們的職位是因為他們作為一名普通員工的時候十分精明優秀。許多人是他們所在部門中最有才能的人，他們經驗豐富、十分可靠，知道如何又快又好地完成工作。

　　但是這些主管卻常常遇到一個問題，即不知道如何把責任下達給部門中的其他人。他們感到其他員工都不如他們自己有能力，他們想把每項任務都安排給最合適的人選。當然，他們是周圍人群中能力最好的人，所以結果就是他們事必躬親，即使在他們把工作交給別人去做的時候也要親自監督工作的進行。如果他們不喜歡正在做的事情，就會接手過來自己做。他們做所有的決策，因為他們不相信任何人的判斷力，他們喜歡親力親為。

　　這些主管工作的時間很長。他們手頭的任務已超過了他們可以應付的數量。他們很難有一段好的時間來完成工作，因為下屬總是打斷他們請示事情。

　　過了一段時間，他們會大失所望，因為除了他們自己沒有別人願意承擔責任。他們案頭堆積的未處理的檔案像山一樣高。他們的孩子想知道那個每天深夜拖著沉重的腳步進家的面目不清的陌生人是誰？儘管他們工作得非常賣力，但卻未能得到高階管理層的讚賞，因為他們還沒有學到一條基本的管理法則：放權。

　　聰明的主管把任務和責任分派給他人，而且從一開始就完全知道，結果不會像他們親自去做的那麼好。當然，他們要檢查工作結果，這是主管應做的事情，然後他們告訴手下如何做才能更漂亮。他們培養了能力、建立了信心，同時作為一種副產品，他們能夠花費更多的時間在他們的主要職責上，即管理。

以下是在處理一些情況時放權者和親力親為者的不同工作方法：

親力親為者：「你那樣做不對。把它交給我，這裡的每件事都得由我親自去做。」

放權者：「這項業務是有些棘手。讓我告訴你該怎麼做。」

親力親為者：「這就是我們做這件新工作的方法。」

放權者：「請提交一份關於如何做這件新工作的計畫。確保計畫實現以下目標……」

親力親為者：「什麼？我們的齒輪又缺貨了？為什麼沒有人告訴我？現在我只好發緊急訂單了。」

放權者：「請核查一下我們每月的齒輪用量，然後確定一個安全存貨水準。如果我們的存貨低於該水準，就由你負責發訂單。」

親力親為者會被大量要由他親自花費精力的任務壓垮。放權者則培訓員工使他們能夠承擔責任。

▶ 放些權力下去，才能收得人心

從表面形式看，用人是上司對下屬的一種權力運用。但是如果簡單地這樣理解，那就錯了，因為用人不是權力專制的表現，而是權力調控的表現。

權力是一種管理力量，權力的運用是有法度的。一個高明的主管或經理，首先要明白一點：自己的工作是管理，而不是專制。也就是說，經理不是監工，因為監工即是專權的化身。把自己當作監工，往往大權獨攬，把所有的下屬都看成是為自己服務的，這樣的經理，永遠成不了好主管，或者說，監工式的管理已經與現代企業「以人為本」的思想相去甚遠。也許監工式的管理一時有用，但不可能時時生效。牢記這一點，會對企業主管的用人方式帶來益處，至少不會遭致下屬的心理抗拒，容易使雙方形式

平等、融洽的人際關係，從而創造一種良好的工作氣氛。

　　儘管知道某下屬的能力較高，可以授權他做更多事項，但是不能從已經接手進行工作的下屬手中，把事項移交到前者身上。除非主管認為後者已無能為力將事情辦好，但是要有證據顯示，方能服人，以免吃力不討好，影響兩者的工作情緒。

　　計畫、開會以至進行一項工作，主管當然有責任和權力去參與。然而，過分的干擾，卻造成下屬的依賴心，無法突出個人表現。

　　主管給予下屬過多的輔導，不能使下屬獨立處理整件工作，對下屬本身及主管，均會造成長遠的損害。在下屬方面，未有適當的磨練，埋沒了潛質和才華。在主管方面而言，工作量太大，精神和體力均感疲乏；況且以一個人的能力，沒有集思廣益的好處，終會比其他同行落後。

　　不管什麼時候，與下屬一起研究工作，指派了某個下屬後，就放心讓他去處理。在適當的時候，詢問一些問題，防止他偏離目標，但這不等於干擾。例如問他是否要協助、工作進度如何、可有遇到困難等。

　　主管主觀的判斷會影響下屬的工作情緒，使他們不敢放膽去做。因此，主管應站在客觀的立場，看下屬的工作進度。「我認為這樣不好」，改為「你認為這樣會較好嗎？為什麼？」下屬聽來較易接受，以便幫助人更了解工作，方便工作的進行。

　　放些權力下去，才能收得人心上來，其實這是一個很簡單的道理，也是一種等價的交接。對一個企業主管而言，徹底改變監工身分，有時候並不是簡單說說而已，這種觀念的轉變要靠自己的實際工作來體現，真正做到由專權而放權的角色轉換，切忌誤以專權就是大權，放權就是失權；相反，放權能夠贏得下屬的誠信，會使下屬更加尊重你的權力，而使你的權力從本質上起效應。而專權只能是迫使下屬表面服帖，卻贏得不了人心。

現代企業主張「把監工趕出權力層」的說法，就是對專權與放權關係的精闢概括。每一位有志於企業管理革命的主管，應該切記這種說法的意義。

▶ 凡人都有表現欲，員工也不例外

請記住：員工到一家公司工作，並不僅僅是為了賺錢，而是有著發揮自己專長、成就事業的追求。企業主管者若能滿足員工這方面的要求，員工自然而然充滿工作熱忱，樂於從命。因此，優秀的管理者對員工委以重任，大膽使用，才能充分發揮其聰明才智。

▎指示下八分即可

有些中階主管常容易犯指示過於詳細的錯誤，他們明知道有些事情一定要交給下屬辦才行，但是卻又不放心交給下屬去辦，因此，不知不覺中就會一再地交代他們：

「要按 ×× 順序做。這裡要這樣做，這點要特別注意……」

事實上，這些指示上司不說，下屬也都已知道得非常清楚，可是主管卻仍很仔細地一再指示各項事宜。

作這樣詳細指示的人，大部分是新上任的中階主管，用人的經驗很少，另外也有可能是從事專業職業或技術等出身的管理人員。

期望把工作做得非常完美，當然是一件很好的事，但是這樣過於詳盡的做法，反而會帶給對方不愉快的感覺。這是什麼原因呢？

受到詳細指示的下屬，開始時會認為，你不信任我，為什麼還要把工作交給我？因而產生不滿或不信賴。然而，因為不想表露出來，只好對你說：「知道了。」乖乖地按照指示行事，然後，每天都重複不斷地按照你的指示行事。

後來，他會發現按照指示工作，實在很輕鬆，最後，甚至變成有指示才會工作。有這種態度之後，就會變得消極、被動，而且年輕人特有的熱情和精力無法在工作中發揮，就會用在工作以外的事情上，慢慢地對工作也就不再熱心了。

這樣一來，下屬就會過著不用腦筋思考的日子，終致失去思考和判斷的能力，這是非常嚴重的事。有些人到了相當年齡仍然沒有任何能力，大部分都是如此造成的。所以，如果一個人放棄思考的機會，最後也將失去思考的能力。

非常詳盡地指示，然後感嘆別人工作態度消極的中階主管，就是不了解這是因自己的行為所造成的後果。因為，太多、太詳細的指示，將造成難以彌補的憾事。

如果你認為應對下屬做十分詳盡的指示，那麼你最好忍耐一下，只下八分的指示就好，其用意是要留下讓對方思考的餘地。不管對新進或資深員工，都要按對方的能力，而決定指示的程度。

這種用人的能力，必須依賴長期用人的經驗，才能培養出來。不過，有些人不管有多少用人的經驗，仍然還是無法改變。

▍正確使用「開除」

被開除是件痛苦的事，但往往開除人的主管也不見得好過。許多主管開除員工後，都會覺得焦慮、若有所失，甚至充滿罪惡感，畢竟開除這件事代表雙方的失敗。

如果員工的表現實在太差，不得不開除，那麼主管在作決定之前要先想想：自己是否給了他足夠的時間與機會去努力？自己是否清楚如何評估他的表現？那位員工是否了解公司對他的要求？

　　好了，「攤牌」的時候到了。主管應詳細說明開除的原因，員工到底哪些方面令人不滿意？但仍可以用正面的方式表達。比方說：「我知道你已十分盡力，不過，這個工作顯然不適合你。」接著就要講清楚他的工作哪一天結束，什麼時候要辦離職手續。最好不要叫對方當天就走人，讓他有點時間收拾東西，和同事道別，這樣比較有人情味。

　　開除員工所選的時間和地點也很重要。在一個禮拜快接近尾聲時，挑一天快下班的時候宣布這個壞消息，可免除對方在辦公室內遭受太多異樣的眼光。至於地點，還是找個房間，關起門來談，比較能維持對方的尊嚴。

　　處理完開除這件事後，做主管的還有另一個棘手事 —— 面對其他員工的反應。人總是同情弱者的，其他的員工很可能難以諒解主管的決定，有人甚至會對自己的工作失去安全感。這時主管可向大家說明開除那位員工的理由，只要決定開除的過程審慎、合理，那麼解釋時自然能理直氣壯。但是如果自己對這個決定都覺得不舒服，旁人很快就會察覺的。

　　主動和被開除員工的好朋友談談，也是不錯的方法。告訴他們事情的背景，如果有必要，設法讓他們放心，不必擔憂自己是否會丟掉工作。不論其他員工對這件事的反應或評論是什麼，主管都應盡量了解。有時候被開除的員工，他的工作態度及表現向來讓同事們反感，這時主管開除了他，對大家而言也是舒一口氣。

　　但是如果被開除的人在公司人緣好，工作表現也未受到同事的批評，主管的決定很可能會招致大家的憤怒與不平。處在這種敵意甚濃的情況下，很多主管都會覺得很難辦，比較好的方法是求助第三者 —— 人力資源部門、管理顧問、心理諮詢等，一起來解決。

　　每個主管遲早都會面臨開除員工的尷尬，但也不能怕拉不下臉而放過

太差勁的員工。因為能適時地開除這種員工，對於鼓舞其他人的士氣有正面的作用，他們會覺得公司畢竟是重視工作表現的。

最近一位市場經理談起他的主管炒下屬魷魚的方法，甚有參考價值。當這位主管一旦不滿意某名下屬的工作表現，並想把他解僱時，他會實行其炒魷三部曲，行動逐步升級。不過通常當他使出第一招後，該名僱員便會立刻「醒水」，自動捲舖蓋而去。

這位主管究竟是怎樣做的呢？

首先他會在公司內散播某某人有意離去的消息。請注意，當他這樣做時，還在別人面前裝作很煩惱、很憂慮的樣子，然後配以適當的對白：「唉，A君又說要走，看來那個部門的工作，又要亂好一陣子。」

主管的目的，是要讓其他職員把這個「消息」傳到該名員工耳中。當所有人反覆問他是否打算離開公司另謀高就時，正所謂空穴來風必有所因，無須別人開口，自己也該走了。

如果碰上一名資質愚鈍，不夠醒目，又或者故意賭氣，賴著不走的下屬，主管便會把行動升級，專找這名下屬工作上雞毛蒜皮的錯處，在開會時加以揭發，不留情面的批評令下屬面子下不了臺。假如這名下屬仍然不肯離開，主管才使出最後一招，當面提出資遣，直接炒魷魚。據聞，主管從未使出過最後一招，頂多第二招，便已奏效。

▌「空降部隊」如何做主管

一般來說，主管產生的方式大致分為兩種：一種是在本單位工作了很久，然後升上主管的位置的，當然對本單位的情況非常熟悉，運作起來也較為得心應手；另一種是從別的單位或其他部門調動或挖過來的，被稱為「空降部隊」。

　　新任基層主管原本就不是一件容易於的事，如果你是空降的基層主管，則困難度就比上面的情形（從內部晉升）大多了。空降主管可能有的壓力是來自組織內部，因為對他來說，他的新下屬全是陌生人，一方面他不了解下屬，另一方面下屬也不了解他，因此在管理的工作上，就有著許多不可測的變數。

　　對不了解的事不要馬上下結論，應該以誠懇、親切的態度待人。先設法讓自己了解，等自己完全了解了，才可以下結論。在下結論前，最好先徵詢一下老員工及相關人員的意見，這對你的結論是有幫助的，至少不會使你原本以為對大家都有利的好事，被扭曲了本意，而你的用心被抹黑。

　　如果一定要帶自己信任的人一起來空降，也不是不可以，但是開始的時候，人數不宜太多，可以先帶一兩個，慢慢地等時機成熟了再增加；一下子帶很多人進來，很容易和原來的舊人起衝突，產生壁壘分明的小團體，彼此相互抗爭。你自己新來，帶一兩個過去，當然也會受那些舊人的排擠，但由於你這一邊的人數少，只要你耐心地等，這種狀況容易改變；如果今天你帶一大群人過來，自成一個體系，那些舊人疑懼已深，要化解也就更困難了。更何況你此時的狀況也已改變，你已不再需要委曲求全。

　　不要想一下子把舊有的習慣都改掉，一件件慢慢來，是更正舊有不良習慣的不二法門。先去了解那些習慣的歷史背景、產生緣由，再來要求改進或更正，同時對原來那些不良習慣的更改，你只是針對事，而不是針對人，這是非常重要的。很多舊有的積習，站在現在的立場來看或許是不合理和不合宜的，但當時的背景有可能使他們不得不這麼做。今天既然由你當家，你也看到這些不合理，於是你在經過協商、溝通後進行了更正，如此而已！這不值得大肆吹噓，或者嘲笑別人是笨蛋。如果你不知道這一點的話，縱使你在做事上面改革成功，但在做人方面，可完完全全地失敗

了。要知道，做事失敗可以再來，做人失敗則永遠不能再來。

　　不論是在正式還是非正式的場所，要想辦法把你自己的個性及做事方法介紹給你的部屬及同事。這種介紹的方式，本身沒有錯與對的絕對觀念，只是讓將與你在一起工作的人知道你的為人態度及做事的方法。這有一個好處，在你尚未完全了解所有你要面對的人之前，讓他們對你先有一個初步的了解，知道你在做什麼以及怎麼和你配合。這種化被動為主動的做法，是現代基層主管需要具備的能力。因為對你來說，如果因為他們不了解你而胡亂猜忌，不如讓他們了解你而相互配合。

▍職場女性如何做主管

　　做主管難，做一名新上任的主管更難，做一名新上任的女性主管更是難上加難。

　　無論你如何優秀，一定會有人妒忌你，尤其是那些年紀比你大，資歷比你深的人，他們會以為做主管的應該是他而不是你！許多公司的經營決策階層對於提拔一個女性主管，要比提拔一位男性小心謹慎得多，原因是一位女性主管要面對的下屬負面情緒遠比男性主管大得多。很多男人對於受到同性管理覺得理所當然，但是對受制於女性主管卻非常敏感；而女性下屬對於同性主管的態度，又很少有人是誠心誠意的。因此，假如你是女主管，你會發覺很少有人肯心甘情願地為你工作……這時你在管理時所採用的方式將會對你的管理效率產生極大的影響。

　　基層女主管要將工作成功地開展，需學會把男性的剛毅與女性的溫柔藝術地結合。你可以嘗試從以下幾個方面著手：

▶ 重視自己的職業形象

在一般人觀念中，女性主管給人的印象是判斷力不強，膽量不夠，眼光短淺，心胸狹窄。要改變這一不佳形象，唯有以實際行動來表現自己的能力，女性的嫵媚溫柔也要適當地收斂。第一件要做的事，就是叫男朋友不要在你上班時打電話，也不要讓男朋友到公司常來接你，以顯示自己的工作責任心及獨立能力。

美國某位形象顧問曾說：「你在辦公室中的威信，五成來自別人如何看你。」也就是說，讓人認為你能力不凡，與你實際擁有能力一樣重要。任何有損形象的行為，如一上臺就腳軟，動不動就臉紅，一受挫就哭，或說話像非常幼稚的小女孩，這種種必定讓你只在原地踏步……

在辦公室中，你是一聲令下眾人稱臣的鐵娘子，還是三言兩語就委屈掉淚的芭比娃娃？如何塑立一個專業形象，讓你的上司認真看待你的能力非常重要。

一名24歲的大百貨公司採購人員小芳說：「一次，我為公司爭取到一個品牌的代理權，在與市場部開會時，副總裁竟然親自主持。」

原本是一個展現才能的大好機會，小芳卻緊張得漲紅臉，結結巴巴。「當時，我若是將精神集中在公事上，而不是對自己的緊張耿耿於懷，那一切就會很順利，但我卻慌慌張張，令上司失去信心。」

過後，小芳的上司就減少她與高層接觸的機會，令她空有才能而不獲高層賞識。

在工作中淚流成河，前途往往也會大江東去。哭泣不但令你顯得軟弱、自制能力差，公司也會考慮到，在面對客戶時萬一你又哭起來，那公司的形象也會跟著受損，於是削減你所管轄的客戶數。

所以，如果你想成功，你就必須學習控制自己的情緒，處事不驚，一個

訓練方法是將自己「分裂」為兩個人。當你早上換了套裝，準備上班時，想像你同時『換』了一個人，這人專業而冷靜。多加練習，自信便能提高。

▶ 照章行事，公私分明

遇到涉及公事的事，要理智對待，不違原則。要果斷敢言，維護公理，主動對生活做出明智的選擇，表現出剛毅果斷的決斷能力，絕不能唯唯諾諾，處處讓步。

▶ 不要傷害男人的自尊心

男性自尊心非常脆弱，一遇到女人威脅到他的存在，便會產生抗拒心理。所以必須懂得在適當的時候維護一下他們的自尊，並誇獎他們一兩句。在眾多人面前，最好只讚美男方事業的成就，盡量避免產生不必要的誤會。

▶ 學會與各式各樣的人打交道

做一個主管，要學會同各式各樣的人打交道，和各階層的人維持好關係，以便你做事的時候，能夠得到他們的合作和支持。

▶ 與男上司不要太親密

也許男上司不會討厭你的親密，但在旁觀者眼裡，你是有野心和有企圖的，隨之而起的流言可能會使上司對你想入非非或敬而遠之。

上下級之間的確可能建立友誼，但是友誼過頭，過多地參與老闆的祕密，就不太好了。親密的關係有一種平等化的效應，這可能扭曲老闆與你之間正常的上下級工作關係。即使老闆對你吐露的祕密僅僅局限於公司內部的事情，這仍會帶來麻煩。你介入的越深，越會發現自己的行動不自由。不過，閒時也可以彼此聊聊兒女的近況。現代成功人士總樂於展示他

們賢夫良父的形象。無論他 38 歲還是 58 歲，兒女總在他生命中占有至關重要的位置。

中階主管工作要點

現在，你踏進了中階主管圈子，分管一個部門，你的人際關係更為複雜了。一個出色的中階主管不一定是最有才能的專家，最重要的是你必須善解人意、善知人性、善測人心，能夠用最誠摯的態度，圓融地處理上下關係。你不是在應付事件，而是在解決問題。你既要明確自己的身分，但在處理問題時又能成為一個相對超然的人。

由於往上有人管你，往下你又管別人，因此如果說中階主管應有什麼原則的話，最根本的是懂得應變的訣竅，不能用同樣的法則施於不同的上司或不同的部屬，而是需要相應的調適。在某種意義上說，人際關係是中階主管的必修課，這種課程不是教你使詐，而是教你做一個成功的人。

常聽做過中階主管的人說：對中階的上司來說，他的快樂是「我要」，而對中階來說，他的快樂是「他要」；對中階來說，他的職責是「我做」，而對中階的下屬來說，他的職責是「做好」。儘管這種近似調侃的描述有待商榷，但它說明了中階的特殊位置和微妙關係。作為中階主管，下述幾個工作要點是值得參考的：

▶ 不求補償的付出

做一件事情，如果刻意想得到什麼回報，結果可能將一無所獲。相反，你若「無心插柳」，有時反而「柳成蔭」。對上當然要顯示才華，但對下萬萬不可要特權。要懂得人際關係中，什麼是你該做的，什麼是你不該做的，以免「越軌」或「傾軋」；又要懂得哪些對下屬來說是輕而易舉

的，哪些是下屬所難以勝任的。此外，在處理錯綜複雜的人際關係時，對中階主管而言，最重要的應該是具有寬容豁達的胸襟。

小盧的專長是地下管線的設計和安裝。應徵一家大公司後，受命擔任中階主管。有一次，要鋪設好幾公里的電纜，需要找工程隊掘壕。有幾家工程隊前來議價，他選中了一家，可是老闆卻要他把各家工程隊的報價呈送給他審批，結果老闆選中了開價最低的一家。一星期後，仍未開工，下屬哀鴻遍野，說那家工程隊連挖土機都沒有，只靠鎬鏟挖路。老闆把他叫去，責問他為什麼遲遲不能開工。他兩面不是人，但不作申辯，而是憑藉關係向其他工程隊借來挖土機。事後，老闆了解緣由，要獎勵他，而他卻在老闆面前褒揚下屬的才能。這說明，用寬容豁達的胸襟處理人際關係，付出遲早是有回報的。

▶ 絕對誠懇的給予

有些人對上司安排的任務可能挑肥揀瘦，或推諉搪塞，而到了年終報告時，卻用誇張方式大談工作成績，這樣的行為必定令人反感。中階主管必須對上司交付的任務或下屬提出的要求，作誠心誠意的承受，並設法給以圓滿的回答。

虛假的哄騙，或只應諾不去辦，都不是解決問題的辦法。要知道，現在的人是非常聰明的，他也許可以承受你的乾脆拒絕，但絕不願做蒙在鼓裡的玩偶。爾虞我詐的交際手段，只能愚弄別人一時，無法產生長遠的說服力。被愚弄者開始時也許反應較慢，但是一旦他醒悟，他的反應會比所謂的「聰明人」更強烈、更執著。結果，愚弄別人的人，往往自己品嘗被愚弄的苦果。

在「給」與「取」的關係中，給得越多，不見得取得越多。不過，付出的是一種「存款」，也許有一天會獲得超額的利潤。石油史上，老洛克

菲勒（John D. Rockefeller）拚命付出，遂使他的後代得到「取」的頌揚。要使柳蔭成行，先得廣博植樹。同理，中階主管唯有經常「植樹」，方可於後來的某日占有「乘涼」的一席之地。

▶ 雙邊關係的溝通

上情下達或下情上達是中階主管的日常工作，對此，你必須做一個懂得彈性支配的人。在上司眼裡，你是他的高級幕僚；在下屬眼裡，你是他的請示對象，所以你既要「做事」，又要「做人」。你凡事要衡量輕重，知所取捨，不能只做簡單的「傳聲筒」，而要做「篩檢」的媒介。替上司疏通癥結，替下屬反映困難，盡量不給上司添麻煩，不擅作主張，做不該你決定做的事情。不要經常跑上司的辦公室，而是經常跑下屬的辦公室，切忌一人說了算，而應經常採納下屬的建議。要讓上司覺得你有遠見、有定力，處理問題冷靜、機警，有責任感，讓下屬覺得你有為有守，有所為有所不為，待人接物通情達理、謙和心誠。

中階主管不能隱瞞事實、捏造事實、渲染事實，而是應該實事求是，把所見、所聞、所知，經過明智的分析，進行婉轉又合宜的傳達。特別要注意的是，你不是最終決策人，不能亂作越權的主張，但你可以借助個人的智慧，讓上司做出你所希望的決策。

▶ 外爍內斂的情操

常言道：「知人不易，知己尤難」。一個自認了不起的人，實際上沒有什麼了不起。請記住，在我們最誤以為無用的人當中，也有不少智者，在我們最優秀的人當中，也做過不少愚行。所以中階主管千萬不要輕視別人，動輒批評別人，甚至無故與人對立。你要站在別人的角度體諒別人的困難，這是謀求合作的捷徑。

第五章　領導得心應手

▌高階主管的必修道行

　　隨著時代的變化，無論是事業單位還是企業單位，主管都日益年輕化。特別在一些高科技行業，越來越多的高階主管是英姿颯爽的年輕人。

　　外人都看到了總經理、董事長等高階主管的氣派、排場、待遇與風采，卻極少有人能體會他們所承受的壓力。

　　高階主管所承擔的責任，可以量化為下列公式：

$$責任 = \frac{(公司的年營業額 + 公司商業信譽) \times 公司的人數 \times 個人享受的權力}{公司職位排名}$$

　　假設一家公司的年營業額為 1,000 萬元，公司的商業信譽約 500 萬元，有 20 名員工。在這家公司的負責人 A，自認為享有 90% 的權力。這家公司的主任 B，位階排行第三；自認為享有 30% 的權力，那麼 A 與 B 的責任，其計算方式如下：

$$A的責任 = \frac{(1,000 + 500) \times 20 \times 90\%}{1} = 27,000萬元$$

$$B的責任 = \frac{(1,000 + 500) \times 20 \times 30\%}{1} = 3,000萬元$$

　　透過上面的計算結果，可以看出 A 所承擔的責任是 27,000 萬元，而 B 所承擔的責任只有 3,000 萬元。

　　因此，登上高階主管寶座的你，心中想著的，不應是權力大了、地位高了、面子足了，而應是：責任大了。在重大的責任下，高階主管的道行應從以下幾點苦心修煉。

▶ 學會策略性思考

佛曰:「迷時師渡,悟時自渡。」在一個公司裡,晉升為高階主管之後,在工作上你不要期望有人來「渡」你,一切都只有靠自己去體會與摸索。

在基層和中接擔任主管,主要憑的是經得起考驗的技術,其管理也僅僅是基於執行任務。而高階主管就不同了,你要發號施令,並對因你發號施令而產生的正面成果和負面影響承擔責任。

打個比方,高階主管所面對的是一場戰役,而基層與中階主管只需執行命令去完成各自的戰鬥任務。

高階主管需要學會進行策略性思考,以開闊的眼界、嚴謹的思考來界定一件事物,絕不能讓一時的勝負迷惑了自己的眼睛。

瓶裝飲用水的市場,每到夏季,各路諸侯就各顯神通,或重磅廣告集束轟炸,或低價讓利刺激消費……一時狼煙四起,許多中小型礦泉水廠感到極大的生存壓力。

2002 年秋季剛過,營運不佳的某間礦泉水工廠替換了負責人,將原來老廠長下放到工廠生產單位管理技術,調動市場部負責人小胡出任廠長。

過去,小胡的各種市場行銷的構想常常因種種阻礙而無法執行,他走馬上任後,大刀闊斧地實行了自己的方案。小胡實施的第一個策略是冬季廣告。他認為與其將大量的廣告經費投入充斥大量飲用水廣告的夏秋兩季,還不如把廣告經費集中在飲用水廣告幾乎空白的冬季。

小胡的這個方案當時遭到許多保守派的質疑,認為在淡季做廣告,無法取得成效,是浪費有限的廣告經費。這種質疑在整個冬季都沒有停止過。然而小胡力排眾議,他認為冬季的廣告效果會在夏秋季節體現出來。

小胡的第二個方案是定價策略。小胡要求出廠的瓶裝水外包裝上一律

第五章　領導得心應手

印上「建議零售價：×元」。此舉也引起許多主管的擔憂。許多主管認為在瓶裝水競爭激烈的情況下，如果不取悅終端銷售商的話，將陷入四面楚歌的境地。在執行這項策略後的十多天內，來工廠運礦泉水的車果然減少了一些。但小胡在關鍵時刻仍頂住各方的壓力，繼續推行定價策略。半個月後，礦泉水銷量穩步回升。

2003 年夏秋季，該工廠礦泉水的銷售量比往年翻了一倍，完全證明小胡的決策正確性。

不以眼前得失而動搖，不以眾人的反對而放棄，是小胡進行策略性思考的成功之處。

▶ 養成主管特有的氣魄

氣魄是氣質與魅力的綜合體現。一個具有領袖氣質的人，言行舉止都散發出一種攝人的威力，這種威力可以讓部下信服，讓對手恐懼。

氣魄的養成，首先和我們對人的態度有關。在上班族的世界裡，人際關係是頻繁與互動的，不存在什麼勢不兩立的矛盾，不需要爭個你死我活。

弘一法師說過一句話：「不讓古人是謂有志，不讓今人是謂無量。」這種見解是很有道理的。不讓古人和先賢，表示我們有充分的決心；讓今人（同事與下屬），則表示我們有充分的氣度。

氣魄的養成，又和我們對待時間的態度有關。在商業世界裡最強調的就是時間，機會稍縱即逝，世界在急劇變化，我們一再告訴自己，最寶貴的就是時間，成功的人必須是要懂得創造機會。

對於時間，應持下列觀點：不讓機會是謂有識，不讓時間是謂無度。

機會來時，我們當然一定要掌握，否則稱不上見識；機會還沒到來

時，我們則必須等待，否則只有徒亂章法，事倍功半。很多事情，一定要靠時間來沉澱，是「爭一時，也要爭千秋」。一時和千秋是兩回事，我們可以選擇在山腳看風景，也可以選擇在山頂看風景，但不可能同時既在山腳看，又在山頂看。

當然有人看過山腳也看過山頂的風景，但那是時間給他的禮物，讓他有了個拾級而上、山上山下、風光一覽而盡的過程。光是逗留在山腳下，卻要力爭一時又千秋的人，那只是他還沒仰頭，沒看到山勢的巍然與嫵媚。

而我們對人的態度，會左右我們對時間的態度。我們對時間的態度，又會再次左右我們對人的態度。

▶ 決定成長的最佳速度

高階主管要注意的各種策略中，首先就是企業成長的速度。換句話說，也就是企業呼吸的速度，動作的速度。

不同的人對不同的企業，會設定不同的策略。其中首要的就在於企業成長的策略。

你要一個企業的年成長率是 3％，看來靜若處子，還是年成長率 30％，看來動如脫兔？

企業給外人的觀感與形象由此而來，企業內部的組織與管理也因此有別。

有一個案例。在一個企業集團裡，有一家公司永遠只求在同業裡排名第二，即使有第一名的實力也不搶先。理由是如果搶到了第一名，就成為了明星企業，容易成為別人的標靶。永遠的第二名，就像雞肋，不會被人放棄，也不會被人眼紅。

這是個很不錯的自保策略。但是，不求第一的心理，就給自己種下了從內部失敗的種子。最後，這家公司還是出了問題。

因此，我們到底要選擇3%還是30%的成長步伐，其本身並沒有一定的對錯與優劣。

重要的是這種選擇要配合環境的條件。環境需要穩紮穩打的時候，卻硬要快速成長，而環境需要更上一層樓的時候，卻硬要原地打轉，兩者都同樣危險。

這種選擇也要適合屬性。

如果你認為你適合動如脫兔，那就不要克制自己的熱情和能量。但是要記住，既然喜歡動，就要防止摔倒，摔倒了就不能動了。起碼總有段時間不能動。因此要動中求靜。

如果你適合靜如處子，那就仔細地保持自己的力量，每一步跨出去都顧盼自如，無懈可擊。但是要記住，不要成為一潭死水，要靜中求動。

不論哪一種選擇。總要忠於自己的信念，知道自己長期的方向所在，前後的想法和行動保持一致。

信奉動如脫兔的人，摔倒了，拍拍灰塵，舔舔傷口，繼續再朝目標挺進。

信奉靜如處子的人，不隨別人的鼓動而起舞，穩定而持續地邁進，不達目標絕不甘休。

求職 RPG 關主換你當：

古怪上司 × 機車同事 × 小人下屬，教你伏妖降魔，一路過關斬將！

編　　著：殷仲桓，林凌一

發 行 人：黃振庭

出 版 者：財經錢線文化事業有限公司

發 行 者：財經錢線文化事業有限公司

E-mail：sonbookservice@gmail.com

粉 絲 頁：https://www.facebook.com/
　　　　　sonbookss/

網　　址：https://sonbook.net/

地　　址：台北市中正區重慶南路一段六十一號八
　　　　　樓 815 室

Rm. 815, 8F., No.61, Sec. 1, Chongqing S. Rd.,
Zhongzheng Dist., Taipei City 100, Taiwan

電　　話：(02)2370-3310

傳　　真：(02)2388-1990

印　　刷：京峯彩色印刷有限公司（京峰數位）

律師顧問：廣華律師事務所 張珮琦律師

定　　價：420 元

發行日期：2023 年 01 月第一版

◎本書以 POD 印製

國家圖書館出版品預行編目資料

求職 RPG 關主換你當：古怪上司
× 機車同事 × 小人下屬，教你伏
妖降魔，一路過關斬將！ / 殷仲
桓，林凌一編著 . -- 第一版 . -- 臺
北市：財經錢線文化事業有限公司，
2023.01

面；　公分

POD 版

ISBN 978-957-680-550-9(平裝)

1.CST: 職場成功法

494.35　　111018492

電子書購買

臉書